三分钟
视觉图解系列

图解宇宙与量子理论

[日] 竹内薰 主编

宁凡 译

U0320454

人民邮电出版社

北 京

图书在版编目（ＣＩＰ）数据

图解宇宙与量子理论 /（日）竹内薫主编 ；宁凡译
. -- 北京 ：人民邮电出版社，2017.11（2018.11重印）
ISBN 978-7-115-46210-7

Ⅰ．①图… Ⅱ．①竹… ②宁… Ⅲ．①宇宙学－图解
②量子论－图解 Ⅳ．①P159-64②O413-64

中国版本图书馆CIP数据核字(2017)第176774号

版权声明

内 容 提 要

　　本书是一本宇宙学科普读物，从原子等微观粒子，到主序星、红巨星、白矮星等恒星，以及宇宙中的暗物质，作者一一进行了详尽地解读。本书将宏观的宇宙与微观的粒子相结合，用数学工具和想象力为读者描绘出婴儿宇宙、平行宇宙、创造粒子的"超弦"等奇异的概念。

◆ 主　　编　[日]竹内薫
　　译　　　　宁　凡
　　责任编辑　恭竟平
　　执行编辑　马　霞
　　责任印制　周昇亮
◆ 人民邮电出版社出版发行　　北京市丰台区成寿寺路 11 号
　　邮编　100164　　电子邮件　315@ptpress.com.cn
　　网址　http://www.ptpress.com.cn
　　北京鑫丰华彩印有限公司印刷
◆ 开本：880×1230　1/32
　　印张：7　　　　　　　　　2017 年 11 月第 1 版
　　字数：194 千字　　　　　2018 年 11 月北京第 5 次印刷
　　著作权合同登记号　图字：01-2016-1269 号

定价：39.80 元

读者服务热线：(010)81055296　印装质量热线：(010)81055316
反盗版热线：(010)81055315
广告经营许可证：京东工商广登字 20170147 号

前言

本书是一本介绍从宇宙中最小的基本粒子，到人类所能观测到的最大的宇宙范围的科普读物。

本书从不同的角度，介绍了宇宙的重要组成部分。从宇宙中第一代恒星开始，到恒星末期变成的黑洞，再到我们身边的太阳，都进行了详尽解读。

为什么在一本书中会同时出现基本粒子和宇宙这两种不同的概念呢？实际上现代宇宙理论在研究宇宙的起始和终结时，无论如何都是无法排除基本粒子这一重要因素的。因为研究表明，宇宙在起始的时候非常微小，仅仅跟一个基本粒子一样。

决定基本粒子定律的并不是我们在学校里学到的基于牛顿经典力学的相关知识。解释这种微观世界的现象，需要的是"量子力学"，这是 20 世纪人类发现的各种物理定律的前提条件。

没错，本书讲述了这些用数学与想象描绘出的婴儿宇宙、平行宇宙、创造基本粒子的"超弦"等奇异的概念。说到这里，读者可能都不知道这本书里有多少是科幻有多少是现实了。但是在浩瀚的宇宙中，本身就有大量人类的智慧所无法触及的领域。

我希望通过阅读本书，能让读者回忆起学习科学知识所带来的乐趣，要是能够引领读者进入科研领域就是最好不过的事情了。

那么，让我们一起进入令人心跳的宇宙与基本粒子的世界吧！

竹内薰

C O N T E N T S

4

第 3 章　恒星的进化

第 4 章　观测到的最新的宇宙状态

第 5 章　粒子标准模型

第 6 章　宇宙的历史

本书概要

本书通过分析宇宙理论与量子理论两者的来龙去脉，为读者讲解其密不可分的相互关系。

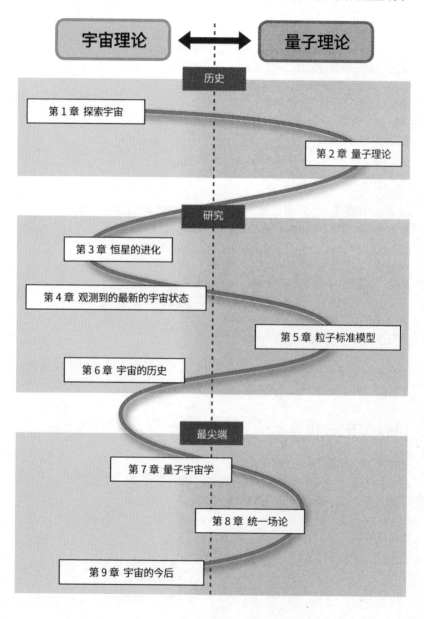

第 **1** 章 探索宇宙

围绕广阔宇宙的大讨论

天文学与量子理论的结合

从微观看宏观

研究天体、银河的天文学与研究肉眼无法看到的量子的理论结合起来，推进了最尖端的科研进程。

天文学所能达到的

天文学从观察夜空中的繁星开始。通过天文望远镜，我们观察到遥远的银河正在快速远离地球，同时明白了宇宙依然在膨胀中的事实。这意味着，如果让时间倒流，宇宙会回到一个非常小的状态，最终变成一个点。

通过观察深空，不断了解到宇宙的过去。科学家们在了解了宇宙的一部分历史后，设计了更先进的观测仪器，以便观察更远的深空，逐步解开宇宙的过去及宇宙如何诞生的谜团。

不过这里面有个很大的问题。回溯时光，宇宙是越来越小的，以至于规模小到仅依靠当今的天文科学无法解释的地步。而这里就需要量子理论作为基础了。

量子理论的必要性

量子是普通光学显微镜都无法观测到的一种微观的存在，它能产生与日常生活中那种概念完全不同的现象。描述这种现象的就是量子理论，而这对于天文学的研究来说也是不可或缺的。

初期的宇宙规模非常小，如果不用量子理论作为基础，那么用语言就无法描述了。量子理论可以预测宇宙的未来，当它与天文学结合起来，科研人员就能以此为基础，对观测到的宇宙现象进行解释，并逐步判明初期的宇宙。

 宇宙刚诞生时的大小，是量子理论所能描述出的最小单位。

古埃及的宇宙观

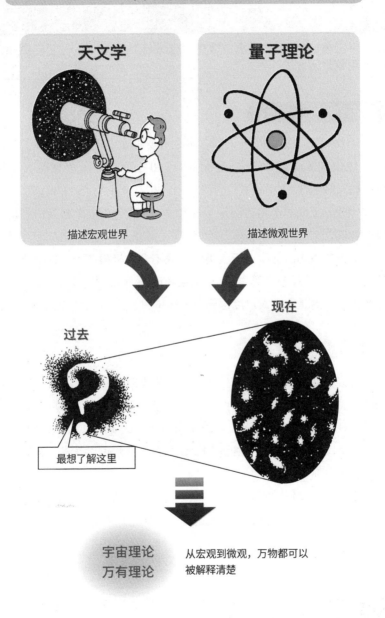

天文学

描述宏观世界

量子理论

描述微观世界

过去

最想了解这里

现在

宇宙理论
万有理论

从宏观到微观，万物都可以
被解释清楚

从宇宙到量子

根据宇宙理论,宇宙的规模应该在 10^{-35}m 和 10^{26}m 之间,是超微观到超宏观的范围。

宇宙的大小

让我们来实际感受一下宇宙的大小。首先以地球为基准,地球的直径大于 10^7m,是一个人身高的 700 多万倍。太阳系的大小是 10^{15}m,是地球的 1 亿倍大。再看银河系,其大小约为 10^{21}m,是太阳系的 100 万倍大。虽然银河是宇宙的基本单位,但其结构是由泡状宇宙的大尺度结构(参考第 162 页)所决定的,而这是银河的 1000 倍大。

宇宙的大小,通常是指人类所能观测到的极限范围,这个范围内的边界叫作视界(参考第 26 页)。根据观测,宇宙的大小为 10^{26}m($=137$ 亿光年)。这是宇宙大尺度构造的 100 倍。

量子理论的必要性

大家都知道宇宙在不断膨胀,那么如果时光倒流,宇宙也应该越来越小。在宇宙刚刚诞生的时候,其大小被推测为只有 10^{-35}m。这个尺寸被叫作普朗克长度。人类的体细胞尺寸为 10^{-5}m,氢原子的大小是 10^{-10}m,原子核的大小则是 10^{-14}m 左右。由此可以看出,普朗克长度是个十分微小的尺寸。

为了描述宇宙刚刚诞生时极其微小的概念,弦理论(参考第 206 页)便应运而生了。这个弦的尺寸大约就是普朗克长度的尺寸。

小知识 用于描述宇宙天空间的长度单位,是光在真空中沿直线传播 1 年所行进的距离(约 10^{16}m),叫作光年。

规模的比较

P（pata），拍［它］$=10^{15}$
T（tera）太［拉］$=10^{12}$
G（giga）吉［加］$=10^{9}$
M（mega）兆$=10^{6}$
k（kilo）千$=10^{3}$

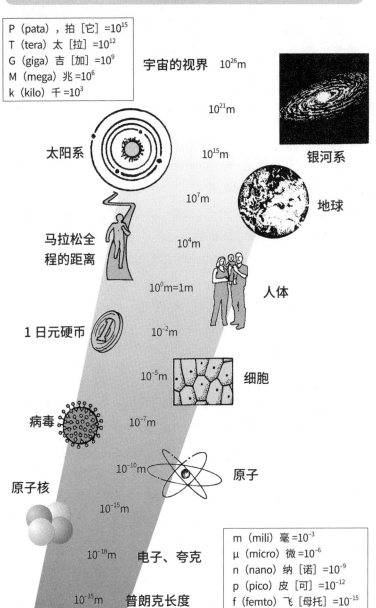

宇宙的视界　　10^{26}m

10^{21}m

太阳系　　　　10^{15}m

银河系

10^{7}m

地球

马拉松全
程的距离　　　10^{4}m

10^{0}m$=1$m　　　人体

1 日元硬币　　10^{-2}m

10^{-5}m　　　细胞

病毒　　　10^{-7}m

10^{-10}m　　　原子

原子核

10^{-15}m

10^{-18}m　电子、夸克

10^{-35}m　普朗克长度

m（mili）毫$=10^{-3}$
μ（micro）微$=10^{-6}$
n（nano）纳［诺］$=10^{-9}$
p（pico）皮［可］$=10^{-12}$
f（femto）飞［母托］$=10^{-15}$

古代的宇宙观

人类对宇宙的探知从未间断

从公元前开始，人类就对宇宙充满了好奇。通过观测天体运动了解了季节的更替，并促进了文化的发展。

天文学是古代人必备的知识

从公元前开始人们就不断观察夜空，并总结其变化规律。对于农耕来说，这个知识十分重要。根据星象的变化，人们可以了解季节更替的准确时间，把握正确的播种和收获的时期。5000 年前，美索不达米亚的苏美尔人就掌握了判断星座位置的方法。通过希腊神话，星座的知识传播到世界各地，在后世广泛流传。

奇琴伊察城邦遗址曾经是古玛雅最为繁华的一座城市，古玛雅人利用城中的天文台对星象进行细致观测，并制作出了精确的历法。这个玛雅历比如今使用的格里历（即公历）更为准确。天文学对于促进文明的繁荣发展，有着无可比拟的重要作用。

古代的宇宙观

古代人眼中的宇宙是由陆地、太阳、月亮和星空组成的。古印度人认为是巨大的乌龟和大象驮起了大地。另外在古巴比伦，人们认为陆地的四周是大海，而大海的尽头是高不见顶的绝壁，绝壁之上扣着圆形穹顶。

从公元前开始，人类就知道地球不是平直的，而是有弧度的了。他们发现驾船航行的时候，首先会看到陆地上山峦的顶端，然后随着距离越来越近，才能逐渐看到山体全貌。

 公元 1600 年前后，中国开始使用"地球"这个词，日本则是从 1689 年开始用"地球"的说法的。

14

古代的宇宙观

古印度的宇宙观

整个世界被乌龟和大象驮在背上

古巴比伦的宇宙观

形成天空的穹顶，外侧的墙壁则支撑起穹顶

地球是弧形的

古代人通过生活经验得知地球不是平直而是弧形的事实

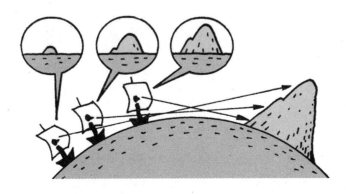

到中世纪为止的宇宙观

直到中世纪为止，在人类历史的很长一段时间里，人们用地心说来描述宇宙。

地心说

地心说（也叫天动说）受到柏拉图的推崇。当时的人类所了解到的天体只有太阳、月亮、水星、金星、火星、木星、土星。这些天体以地球为中心进行环绕运动。

而后柏拉图的弟子，古代最有名的智者亚里士多德将地心说进一步发展起来。在地心说中，首先人类所居住的世界由土、水、空气、火这4种元素构成。而月圆和月缺说明月亮是球体，月食则证明了地球是圆形的。从那以后到公元2世纪，经由托勒密撰写的《天文学大成》（又叫《数学集成》），最终确立了地心说。

 到中世纪为止，圆形被看作完美的图形。当时人们认为天上的世界是完美的，天体则沿着圆形的轨道运动。

托勒密的地心说

在这张地心说的天体图中，以地球为中心，向外侧依次为月球、水星、金星、太阳、火星、木星、土星。托勒密将天体的实际运动轨迹称作周转圆，并描绘出辅助运行轨道

17

提出日心说的哥白尼

日心说的出现，代表的不仅仅是科学的进步，还反映出人们对于严酷统治的反抗，以及探究心的复活。

日心说

1543 年，波兰天文学家尼古拉·哥白尼所撰写的《天体运行论》出版。书中首次提出地球是作为行星在围绕太阳的圆形轨道上运行的观点。除了复杂的周转圆推动下的地心说外**日心说**成为了新的天文学说。

哥白尼

提出日心说的哥白尼是现代一位十分著名的天文学家。但在哥白尼的时代，活跃着许多学说，哥白尼学说也是其中之一。虽然哥白尼从事着神职工作，但他应波兰国王的要求，撰写了《货币论》一书。另外在瓦米亚地区爆发疫病的时候，哥白尼还作为医生，前去为患者诊疗病情。

在《天体运行论》出版前，负责出版工作的教士安德烈·奥西安德尔写了一篇无署名的序文，编入书的第一部分，并将书名改为《宇宙球体的运行论》。这种修改是对异端的一种纠正①，可见 16、17 世纪教会的权力的强大。

日心说的出现不仅是学术上的进步，也对当时的社会权威形成挑战，并解放了权威压制下人们对于新鲜事物的探究心。日心说与日后的文艺复兴运动紧密结合在一起。

 公元前 4 世纪就有着宇宙的中心并非地球，而是一团火焰的观点。所以日心说的观点其实从公元前就开始有了。

---

① 有资料说是为了骗过教会的监视，让该书可以顺利出版。——译者注

哥白尼的日心说

这幅哥白尼的肖像画中，哥白尼手中拿着一朵铃兰，这是一种草药，是医生的象征。也许在当年，哥白尼是作为医生为人所知，而不是天文学家

哥白尼也没能从"上天是完美的"这种思想中跳出来。其绘制的行星轨道是圆形的，每个天体的运动速度也是相等的

打破宗教特权

根据开普勒和牛顿发现的法则，证明了没有神界的存在，打破了宗教统治特权。

开普勒的功劳

作为第谷·布拉赫[①]的接班人，德国天文学家约翰尼斯·开普勒做了大量天象观测记录，在 1619 年[②]提出了描述天体运动的**开普勒定律**。该定律描述了行星以恒星为中心，在椭圆形轨道上运转的现象。

开普勒定律否定了"天界为了打造完美世界，而让天体运行在圆形轨道"上的说法。在此定律前，天界已经不是完美的存在，行星也不是由天使所推动的。但是开普勒定律还无法描述出行星是在什么力量的作用下才会运动的。而解答这个问题的，则是后来的牛顿了。

牛顿所描述的宇宙

艾萨克·牛顿根据开普勒定律，提出了更为普及的**万有引力定律**。开普勒定律仅仅描述了恒星与行星之间的关系，而万有引力定律则对行星表面到宇宙中各种天体进行了描述。也就是说，牛顿的引力理论适用于宇宙中的任何物体。在这个理论下，人间与天界变得毫无区别了。

牛顿认为宇宙是浩瀚无边的，因此宇宙也不会有中心点的存在。他认为，如果宇宙有中心点，那么在引力的作用下，所有的物质都会被集中到这个中心点上。

 在开普勒的描述中，宇宙是由被称为正多面体（柏拉图立体）的 5 种几何形体所构成的。

---

① 丹麦天文学家。——译者注
② 有资料显示为 1618 年。——译者注

开普勒定律

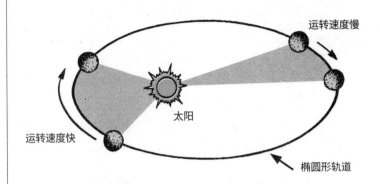

运转速度慢

太阳

运转速度快

椭圆形轨道

- ·行星以恒星为中心，在椭圆形轨道上运转
- ·行星与恒星距离近时，行星的公转速度就会变快，而距离较远时这个速度会变慢
- ·距离恒星越远的行星，其公转周期越长

万有引力定律

吸引行星的力量与引起苹果从树上掉落的原因相同，均由引力造成

引力在行星表面和宇宙中是没有区别的

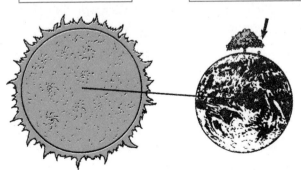

宇宙在不断膨胀中

哈勃发现的宇宙膨胀现象，证明了宇宙并非处在一成不变的状态。

不断远离的银河

1923 年，美国天文学家爱德温·哈勃在望远镜中发现了朦胧的 M31 星云[①]，这立刻引起了人们对于河外（银河系以外）星系的注意。在这以后，哈勃通过观测多个不同的星系，发现距离地球所在的银河系越远的星系，其远离速度越快的现象。这种星系间距离不断扩大的可观测变量，就是**哈勃定律**。

观测星系之间的距离，需要对**造父变星**进行观测。所谓造父变星，指的是一种亮度会发生周期性变化的恒星。通过光变周期可以了解变星原本的亮度，这样只要对比观测到的不同亮度，就可以计算出星系之间的距离。

膨胀中的宇宙

由于所有的星系都在逐渐远离地球所在的银河系，看起来仿佛银河系就是宇宙的中心一样。但实际上银河系并非宇宙的中心所在。

哈勃定律描述出，宇宙整体在以一个相同的速度膨胀。举个例子，在一个未充气的气球上画上若干个点，并假设其中一个点就是银河系，然后开始为气球充气，气球上点与点之间的距离就会随着气球越来越鼓而增加，而不论以哪个点为基准，这个点与其他点之间的距离都在增加。而且距离越远的点，其与设定点（银河系）的距离就越远。而宇宙的膨胀就是这种现象。

 变星原本的亮度被称作绝对光度，用于衡量光度的值叫作视星等。

---

① 仙女星系。——译者注

地球与银河之间距离的测定

造父变星

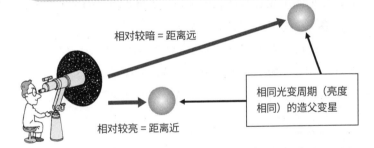

——— 光变周期 ———

·光变周期越长，绝对光度就越高，而周期越短，绝对光度就越低
·不同的变星，其光变周期也有所不同，从几小时到几百天，各种各样

相对较暗 = 距离远

相对较亮 = 距离近

相同光变周期（亮度
相同）的造父变星

哈勃定律和宇宙的膨胀

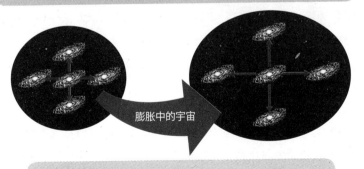

膨胀中的宇宙

1. 不论以哪个星系为基准，其与其他星系的距离都在不断增加
2. 相距越远的星系，其远离的速度越快

炽热的奇点

宇宙是从一个火球开始的

如果说宇宙处于不断膨胀的状态中，就说明过去的宇宙比现在的宇宙要小。其实宇宙是从一个小小的火球开始的。

宇宙起源于小火球

乔治·伽莫夫首次提出了宇宙起源于一个小火球的概念。处于不断膨胀状态的宇宙，意味着过去的宇宙比现在的要小，天体、星系也要比现在更加密集。在伽莫夫的描述中，如果时光倒流回到宇宙起源的原点，那么所有的物质都会被压缩到一个极小的空间中，变成一个超高温、超高密度的火球。这就是奇点。

伽莫夫提出，炽热的奇点通过**大爆炸**高速膨胀（参考第 176 页），随着时间的推移，温度和密度逐渐降低，形成了天体和星系，变成了现在人们所知的宇宙。但这个概念在当时却遭到了很多非议。

奇点诞生前的宇宙是什么样的呢

随着人们对星空的观测，宇宙是从大爆炸中诞生的理论逐渐得到了证明。但是那个小火球，炽热的奇点诞生前，宇宙是个什么样子的呢？科研人员们开始对这个问题产生了兴趣。

首先，在奇点诞生前，宇宙是"无"的状态，在这个既没有时间，也没有空间的状态下，奇点是如何产生的呢？其次，产生奇点的初期条件是什么？奇点并非是什么高温、高密度物质都可以装填的。为了形成如今的宇宙，奇点必须有着合理的参数才行。但是这个参数是谁来决定的？还是说仅仅是个偶然事件？这个问题现在依然在研究中。

 据说宇宙大爆炸这个称呼，是因为布雷德·赫尔的一句"宇宙是不可能嘭的一声炸出来的"而被人们所使用的。

宇宙大爆炸的假设

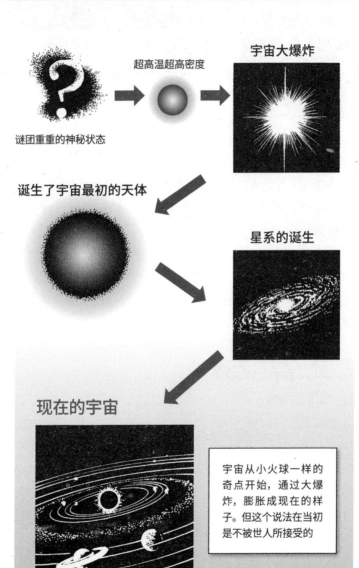

谜团重重的神秘状态

超高温超高密度

宇宙大爆炸

诞生了宇宙最初的天体

星系的诞生

现在的宇宙

宇宙从小火球一样的奇点开始，通过大爆炸，膨胀成现在的样子。但这个说法在当初是不被世人所接受的

宇宙为什么如此浩瀚

所谓宇宙的大小，指的是人类所能观测到的范围。而人类所能观测范围的极限，被叫作宇宙的视界。

光的速度是不变的

光的速度是不变的，不存在比光速更快的速度，这是宇宙中的原则性概念。

人们对星空的观测，其实是在观察由恒星所发射出的光线。光以每秒 30 万千米的速度传播。这个速度可以在 1 秒钟的时间内绕地球 7 圈半，对于人类来说这就是一瞬间的感觉。即便如此，光线在浩瀚的宇宙中传播仍然要花上很长时间。例如，观测一颗距离我们 1 万光年远的恒星，由于光线花了 1 万年的时间才传播到地球，所以我们看到的只是 1 万年前这颗恒星的样子。也就是说，只要观测遥远的天体，我们就能看到宇宙过去的样子。

人类所能观测到的宇宙

我们对宇宙能观测多远，就能看到多久以前的光景。

通过观测，得出宇宙的年龄是 137 亿年[①]的结论。距离地球 137 亿光年以上的天体所发出的光线，需要经过 137 亿光年以上的时间才能到达地球。也就是说，超过这个距离的天体，其发射出的光线还不能到达地球，也就无法被观测到。这个可被观测到的光线的极限范围，被叫作**宇宙的视界**，通常认为宇宙的范围就到这里，人类所能观测到的是半径 137 亿光年的宇宙。

目前的设想是宇宙视界的另一侧依然是不断延伸的宇宙，但人类现在是无法观测到了。

---

① 有资料显示为 138.2 亿年。——译者注

小知识 1光年就是光在真空中沿直线传播1年行进的距离。这个距离大约是94605亿千米。

对宇宙的观测

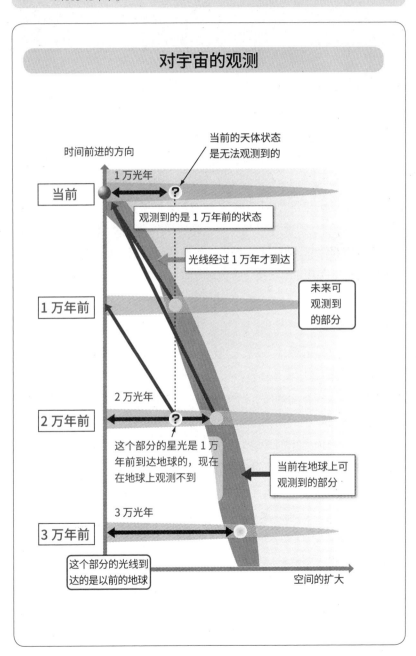

时间前进的方向

当前的天体状态是无法观测到的

当前

1万光年

观测到的是1万年前的状态

光线经过1万年才到达

未来可观测到的部分

1万年前

2万光年

2万年前

这个部分的星光是1万年到达地球的，现在在地球上观测不到

当前在地球上可观测到的部分

3万光年

3万年前

这个部分的光线到达的是以前的地球

空间的扩大

描述时空的相对论

相对论证明了时间与空间的关系，是宇宙中最为基本的定律。

时间与空间

牛顿认为，时间与空间是一种绝对的存在，其不受物质运动的影响。也就是说，任何事情都不会对时间和空间产生影响。

但这个说法在爱因斯坦发表了相对论以后被推翻了。相对论基于光速不变原理，描述出对于任何人来说光速都是相同的，但这样的话不论时间还是空间就都是相对的。爱因斯坦根据**狭义相对论**和**广义相对论**，认为时间和空间并非相互独立的状态，而是作为"时空"存在的。

时空弯曲

根据相对论的描述，时空会由于质量而产生弯曲现象。如**引力透镜效应**[①]，说的是远处的天体所发射出的光线，在到达地球的过程中，会受到大质量天体的影响，而使光线的传播路线发生弯曲的现象。在日食的时候，观察太阳附近的天体，会发现其位置与非日食时有所差别，证明了爱因斯坦的理论。另外，被引力透镜效应所弯曲的星系会呈现出弧形的状态，这个现象叫作**爱因斯坦环**。

关于时空弯曲还有一种现象，叫作**引力漩涡效应**。如果旋转一个物体，其周围的时空就会受到旋转的吸引而发生改变。比如，在装满糖稀的容器中心，插入一个较粗的圆棒，然后旋转这根圆棒，糖稀就会在旋转作用下形成漩涡状态。

 相对论描述了黑洞的存在。如果把地球压缩成一个弹球大小的状态，地球就会变成黑洞。

---

① 又称重力透镜效应。——译者注

相对论

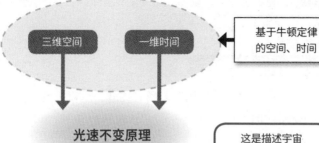

三维空间 　一维时间 ← 基于牛顿定律的空间、时间

光速不变原理

这是描述宇宙最基础的定律

四维时空

不论时间还是空间，都是相对的

爱因斯坦环

画面中央的是距离较近的星系，其外侧的环状物，是在引力透镜效应的影响下，被观测到的远方的星系

爱因斯坦的宇宙论

如果用相对论来描述引力的话，就能证明时空的构造和质量能量自然结合在一起，构成了宇宙中全部时空。

爱因斯坦场方程式的含义

由广义相对论中引出的**爱因斯坦场方程式**，可以表现出因质量能量而导致的时空弯曲现象。第31页方程式左边的 $G_{\mu\nu}$ 表示时空弯曲的程度，右边的 $T_{\mu\nu}$ 表示质量能量、Λ 是宇宙常数。由于 Λ 为负值，质量能量就受到了反作用的影响。通常认为这个宇宙常数对宇宙的进化有着重大影响和作用。

爱因斯坦场方程式所描述的宇宙

通过爱因斯坦场方程式，可以了解到宇宙中所有时空的构造。不过这需要先假设出宇宙整体的性质。首先，宇宙是没有凹凸起伏的平滑状态的。其次，宇宙是各向同性的，不论从哪个方向看，宇宙都是相同的。这两点假设被称作**宇宙学原理**。

在宇宙学原理的假设下，试着求解爱因斯坦场方程式，就可以得出宇宙有膨胀扩大、**坍缩**现象的结论。不过在当时，爱因斯坦认为宇宙是恒常的，这个方程式的结果就没有得到肯定。当斥力，也就是物质间相互排斥的力，作为宇宙常数被导入方程式后，得出了宇宙是稳定的结果。

这以后，哈勃发现了膨胀宇宙的现象，爱因斯坦就撤回了导入宇宙常数的描述。不过随着近年来观测到的现象，宇宙常数再次引起了人们的注意。

 宇宙是恒常的假设，说的是大小1亿光年左右的规模。

爱因斯坦场方程式

定数
G：引力常数
π：圆周率
c：光速

μ 与 v 表示的是时间 t 与空间 xyz

$$G_{\mu v} = \frac{8\pi G}{c^4} T_{\mu v} - \Lambda g_{\mu v}$$

时空弯曲程度	=	物质能量	−	宇宙常数

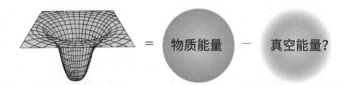

时空弯曲 = 物质能量 − 真空能量？

从爱因斯坦场方程式得出的宇宙状态

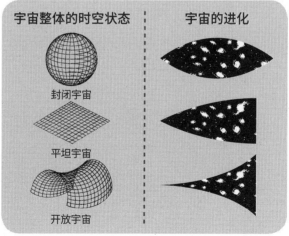

宇宙整体的时空状态 | 宇宙的进化

封闭宇宙

平坦宇宙

开放宇宙

→ 时间

封闭宇宙：宇宙的质量很大，在其引力作用下从膨胀到坍缩，
　　　　　直至终结
平坦宇宙：宇宙的质量适中，持续缓慢膨胀中
开放宇宙：宇宙的质量很小，处于永远膨胀的状态中

为什么夜晚是黑暗的

在日心说还不被世人所接受的时代，人们认为太阳等其他天体都是围绕地球转动的。还认为土星的另一侧就是另一个世界，夜空中的繁星是覆盖在地球上面的穹顶。古时的人们还将天空中的繁星联结成一个个不同的星座。

随着时代的进步，人们逐渐明白了地球并非是宇宙的中心，连太阳也不过是浩瀚银河中数以千亿计的恒星中的一颗。

不过德国眼科医生奥伯斯却对一个问题产生了疑问。他认为如果宇宙是无限膨胀的，而且存在着与太阳相同的恒星，那么宇宙中的天体就应该是无限多的。星光随着距离的增加，会相应变暗，但这并不意味着消失。当无限膨胀的宇宙里的无限多的星光全部到达地球的时候，夜晚也应该与白昼一样明亮。这个悖论被叫作奥伯斯佯谬。

如今，人们明白了宇宙的范围是有限的，而且是有起始点的，所以这个悖论也就不存在问题了。宇宙有起点，也就有年龄。宇宙中所有照射到地球上光线的总合是（宇宙年龄）×（光速）范围内的恒星所产生的。也就是说，只有有限范围内的一部分星光才能照射到地球上。

所以奥伯斯佯谬只是个假设，无限膨胀中的宇宙里存在着无限多的恒星，并产生出无限多的光线这一说法的前提是不成立的。这表示，无限的光没有条件集合在一起，夜晚就是黑暗的了。

第 2 章

量子理论

围绕量子展开的大讨论

原子论 / 量子理论的开端 / 普朗克尺度 / 原子模型 / 物质波 / 薛定谔方程式 / 不确定性原理 / 量子理论的解释 / 光电效应 / 波动性与粒子性 / 隧穿效应 / 自旋 / 泡利不相容原理 / 超流体与超导体 / 量子波动

原子论
人类想要了解万物的根源

从公元前开始，人类就开始探究宇宙，同时也在不断研究物质的根源到底是什么。

万物的根源是什么

古希腊人开始就想过万物的根源到底是什么。在公元前 6 世纪前后，古希腊学者泰勒斯就提出"万物源于水"的主张。另外，古希腊的阿那克西曼德则认为空气是万物之源，而公元前 5 世纪的赫拉克利特认为火才是万物之源。由于觉得万物之源只有 1 种比较难以解释，所以恩培多克勒提出"万物源于土、水、空气、火这 4 种元素"的设想，这个想法对后世有着很大的影响，并被亚里士多德所继承。

而在公元前 4 世纪前后，德谟克利特主张"**原子**是构成物质的最小微粒，无法继续分解成更小的状态"的概念。这就是**原子论**的开始。根据原子论的描述，物质并非连续不断的，也就是说作为物质最小的单位，原子是不连续的。不过亚里士多德对这个概念提出了异议，他认为如果物质是不连续的，那么原子之间就应该是虚无的空间。而既然是虚无的空间，也就无从被提起，所以亚里士多德不同意原子论的说法。

现代原子论与量子理论

如今人们明白了，原子可以继续分解成电子和原子核。所以严格讲，原子并不是物质最小的微粒。在现代物理学中，通常认为**粒子**是构成万物的最基本微粒，是最小的不可分割单位。到了量子论中，不仅是物质，能量都拥有最小单位，以不连续状而存在。

 由于亚里士多德总是一边散步一边向学生教授知识，所以他的学派又被称为逍遥学派。

德谟克利特的原子论

原子是物质构成的最小微粒，已经不可能继续分解

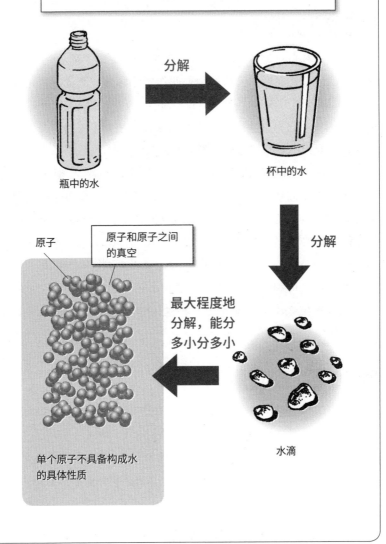

分解

瓶中的水

杯中的水

分解

原子

原子和原子之间的真空

最大程度地分解，能分多小分多小

单个原子不具备构成水的具体性质

水滴

35

量子理论的开端
发现非连续性现象

20 世纪初期，马克斯·普朗克发现了能量中的最小单位，这就是量子理论的开端。

发现能量的最小单位

对冶金时高温金属所产生的光线的研究，促成了量子理论的诞生。**物体因温度变化而产生光线的现象叫作黑体辐射**，测量这个光线的波长，会得到一个山形曲线的统计图。不过按照光波的连续性模型（瑞利·琼斯公式）进行计算后，得出的结果是光波频率低的部分与测量数据吻合，而频率高的部分则与测量数据有较大的出入。

马克斯·普朗克用能量中的最小单位作为依据，从理论上成功解释了这个数据曲线。这个最小单位被称作**普朗克常数**。根据这个理论，得出光的能量只能是 hv 的整倍数的结论。这里的 h 是普朗克常数、v 代表光波的频率。光波频率 v 被加大的时候，就必须消耗一个最小单位的能量，以控制光波的辐射量。这样的数据会在统计图上形成山形曲线。瑞利·琼斯定律在低频率部分与测量数据吻合的情况，是因能量单位太小，其非连续性特性不够明显，看起来呈现出连续性特性所致。

走向量子理论的道路

仅依靠普朗克的理论，是无法有效证明光波聚集的能量（粒子）的。而爱因斯坦的研究对量子理论的发展有着重大贡献。爱因斯坦为了解释光电效应（参考第52页），提出的光量子假设，认为光波是由粒子（即光量子）流动的状态所形成的。这为量子理论的研究打开了新的大门。

 小知识　所谓频率，指的是 1s 的时间内（某种波）振动的次数。用公式描述的话就是（频率）＝（速度）÷（波长）。

36

能量的最小单位：普朗克常数

通常，普朗克常数用字母 h 来表示

$$h=6.62607\times10^{-34}\text{J}\cdot\text{s}（焦耳·秒）$$

黑体辐射的问题

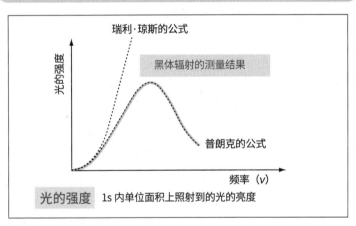

瑞利·琼斯的公式

黑体辐射的测量结果

光的强度

普朗克的公式

频率（ν）

光的强度 1s 内单位面积上照射到的光的亮度

普朗克的理论

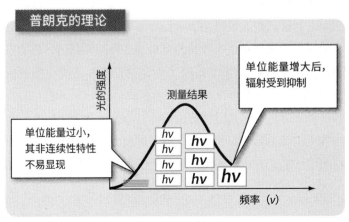

单位能量增大后，辐射受到抑制

光的强度

测量结果

单位能量过小，其非连续性特性不易显现

$h\nu$

频率（ν）

以普朗克的名字命名的基本单位

量子领域的创始人，普朗克的名字被命名为量子世界中的最基本单位。

普朗克常数

如果要讨论量子理论，就需要先了解一些这个领域里的基本单位，这些单位的名称都是用量子理论的创始人，马克斯·普朗克的名字来命名的。

就如本书第 36 页所描述的那样，普朗克常数表现的是光能的最小单位。这个数值大约为 10^{-34}J·s，是一个非常小的概念。而光线的最小单位也是一个微小的数值。这些微小的数值构成了量子力学中各种公式里的最基本常数。

另外，在量子力学的计算中经常会出现 "$\frac{h}{2\pi}$" 的形式，因此很多时候都重新将其设定为 h。在此情况下，这个值就被称为"**狄拉克常数**"。

普朗克尺度

上面提到的普朗克常数是能量的最小单位。同样，长度、时间也有最小单位。这些分别被叫作**普朗克长度**、**普朗克时间**。普朗克长度约为 10^{-35}m，普朗克时间约为 10^{-43}s。这些都是非常微小的数值。虽然在空间和时间的概念中，这么微小的数值有一种很不可思议的感觉，但这些却是作为宇宙起始时特有的标志。有说法认为宇宙是从普朗克长度的大小中诞生的。对于后面要讲到的弦理论（参考第 204 页）等最前沿的理论来说，普朗克长度都是十分重要的概念。

 表示普朗克常数的 h，从普朗克的论文开始使用，一直沿用至今。

普朗克常数

不确定性原理

$$\Delta x \times \Delta p > h$$

薛定谔方程式

$$i\hbar \frac{\partial}{\partial t}\psi = H\psi$$

普朗克常数在不确定性原理（参考第49页）和薛定谔方程式（参考第47页）中也有出现

普朗克长度

弦理论中的弦长就是普朗克长度

希腊字母

量子力学的前身物理学中，经常会使用希腊字母来表示不同的值。本书所用的希腊字母读法如下表所示

Δ	delta	Ψ	psi	β	beta	ν	nu
Λ	lambda	Ω	omega	γ	gamma	π	pi
Ξ	xi	α	alpha	μ	mu	τ	tau

原子是西瓜还是土星

在 20 世纪初期，人们开始了解到，小得不可再分解的原子内部到底有些什么。

相互矛盾的两种原子模型

20 世纪初的时候，人们已经了解原子并非是构成物质的最小不可分解微粒，在原子结构里还包含了正电荷的部分与负电荷的部分。

于是两种原子模型被提了出来。一种是约瑟夫·汤姆森所提出的类似西瓜样子的原子模型。西瓜红色的瓜瓤就是正电荷的部分，瓜子则是负电荷的部分。

另一种是长冈半太郎所提出的原子模型。这个模型与土星的样子有些相似。模型中，正电荷全部集中在中心部分，电子则像是土星环一样围绕中心转动。

卢瑟福的实验

那么两种原子模型里，哪个才是正确的呢？ 1911 年物理学家欧内斯特·卢瑟福通过实验[1]得到了答案。在实验中，用 α 粒子（氦原子核）撞击金箔，对撞击过程进行观测得知，α 粒子带有正电荷，在其穿过金箔时，会受到原子里正电荷分布状态的影响，向完全不同的方向散射。

通过这个实验，观测到了 α 粒子的反弹现象。如果是汤姆森的模型，那么即使 α 粒子穿过原子时发生了散射，也不会出现反弹现象。这就证明了长冈模型的正确性。在正确的模型中，原子的中间是带有正电荷的原子核，而电子则围绕原子核运转。

 其实卢瑟福是汤姆森的学生。卢瑟福想通过实验来确认汤姆森原子模型的正确性，却得出了与想像相反的结果。

①α 粒子散射实验。——译者注

两种原子模型

汤姆森的原子模型

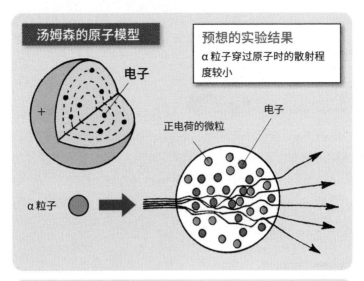

电子

预想的实验结果
α粒子穿过原子时的散射程度较小

正电荷的微粒

电子

α粒子

长冈的原子模型

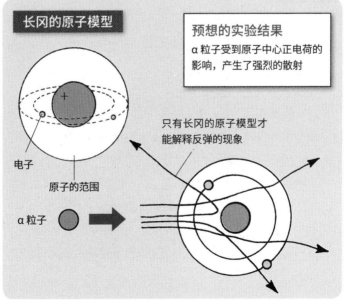

预想的实验结果
α粒子受到原子中心正电荷的影响，产生了强烈的散射

电子

原子的范围

只有长冈的原子模型才能解释反弹的现象

α粒子

41

电子分散在轨道上

一直以来，经典物理学认为原子是无法存在于连续的状态中，原子的构造是不连续的状态。

原子无法存在于连续状态中

卢瑟福为人们揭示了原子的构造，不过这也引发了新的疑问。根据**经典物理学**的说法，运转中的电子是以光的形式放射出能量的。当电子失去能量时，就会像人造卫星坠向地球那样，向原子核塌缩，然后原子会在瞬间被毁灭。如果按照这个论述，我们今天所生活的世界就不复存在了。

卢瑟福的实验

通过对原子性质的详细研究，人们发现了用经典物理学无法解释的现象。如果用加热等方式为氢原子施加能量，氢原子就会有光辐射出来。氢原子产生的光透过三棱镜后，不会出现像彩虹一样的连续色彩，而是变成不连续的、跳跃的光斑。这种现象被叫作光谱线。

为了解释这种现象，丹麦物理学家尼尔斯·玻尔借由普朗克、爱因斯坦的量子假设对其进行了研究。在**玻尔的原子模型**中，电子只能运行在相互间隔的不同轨道上，如果电子不改变其运行轨道，就不会有能量变化。电子改变其所在轨道的现象叫作**跃迁**。改变轨道的电子会释放出携带能量 $E=h\nu$ 的光粒子，其中 E 表示电子轨道的能量差，这个差值与互不相交电子轨道相同。h 表示普朗克常数，ν 表示光的频率，而这必然是一个不连续的数值。从原子中释放的光之所以会以光谱线的形式被观测到，就是因为这个道理。

 在量子力学出现以前，以牛顿力学为中心的物理学被称作经典物理。

经典物理学中的原子模型

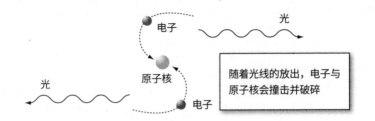

电子

光

原子核

光

电子

随着光线的放出，电子与原子核会撞击并破碎

玻尔的原子模型

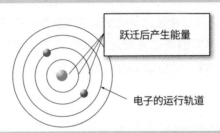

跃迁后产生能量

电子的运行轨道

氢原子的模型

n 为围绕氢原子运转的电子轨道

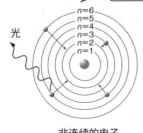

光

$n=6$
$n=5$
$n=4$
$n=3$
$n=2$
$n=1$

非连续的电子

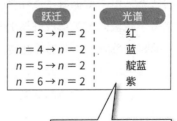

跃迁	光谱
$n=3 \rightarrow n=2$	红
$n=4 \rightarrow n=2$	蓝
$n=5 \rightarrow n=2$	靛蓝
$n=6 \rightarrow n=2$	紫

电子在跃迁时，其损失的能量会以光的形式辐射出来

其辐射出的光波也是非连续的

所有的物质都具有波动性

德布罗意通过电子拥有的波动性，解释了玻尔原子模型对于原子非连续性的特性。

德布罗意的物质波

在玻尔的原子模型中还存在着一个疑问，就是电子会在不连续的轨道上运行。于是德布罗意提出了物质波的概念，以解答这个问题。他认为，就像爱因斯坦所描述的那样，既然被看作是波的光拥有粒子的性质，那么被看作是粒子的电子也拥有波的性质。

结合爱因斯坦和德布罗意的描述来看，所有的物质都具有粒子性与波动性这两种性质。而这种兼具粒子性与波动性的物质就被叫作**量子**。

电子轨道的条件

如果电子具有波动性的话，就能很好地解释出玻尔原子模型中所表现的不连续性轨道特性。假设原子周围的电子处于在环状的带子上起伏的状态，电子就拥有了波动性，如果其波长是固定的，那么起伏的环状带子就被限定为形成驻波的条件。具体来说，只有当环的长短是波长的整倍数时，才会形成驻波。

如果将环状带子上波动看作是不同的能量，电子轨道的能量就是不连续性的。例如，驻波的波减少 1 个数量的话，其差分的能量就会作为光子逃逸。

这种像电子一样的物质所携带的波长，叫作**德布罗意波长**。

 参考德布罗意的模型，如果环的长度不是波长的整倍数，那么在波动的干涉下物质便不复存在了。

对比玻尔的原子模型和德布罗意的原子模型

圆形的轨道无法说明能量的不连续性	玻尔的原子模型 
波的数值为整数＝轨道就是不连续性的	德布罗意的原子模型 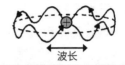 波长

玻尔的原子模型

稳定状态

 ＝

德布罗意的原子模型

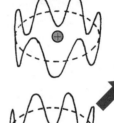

跃迁

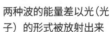

带有能量差的光子

两种波的能量差以光（光子）的形式被放射出来

牛肉饭，要中份的

唉？！

没错，牛肉饭也是一种波哦

45

薛定谔方程式
用概率描述世界

薛定谔方程式通过概率来描述世界

薛定谔方程式的形式

奥地利科学家埃尔温·薛定谔通过描述具备波动性的电子的运动方式，导出了**薛定谔方程式**。这个方程式是描述量子领域的基础。使用这个方程式计算出的氢原子的电子能量数值，与实验获得数值是一致的。

关于薛定谔方程式的特征，首先是使用了虚数。虽然人们的日常生活中一切事物都是用实数来记述的，但在量子领域中就必须使用虚数来描述。

方程式两边都有**波函数**，左边含有时间微分，右边的哈密尔顿函数起到的是算符的作用。

概率的世界

薛定谔方程式又称为**波方程式**。这里所提到的波动，表示的是量子存在与否的**概率波**。这个方程式只能预测出引起各种现象的概率。

举个例子，假设我们要抓住在鱼缸（原子）中游泳的金鱼（电子），这里的"抓住"指的是观测。虽然无法直接看到鱼缸里的金鱼，但金鱼确实就在缸里。把手伸进鱼缸去抓，就可能出现手里抓住金鱼或抓不住金鱼的情况。如果在同一个位置反复去抓，就有一定概率抓住金鱼。这个概率就是薛定谔方程式中所描述的内容。

 爱因斯坦不同意这个描述世界的方程式只能用概率来描述的观点。但目前大多数人都承认这个观点。

薛定谔方程式

$i = \sqrt{-1}$ （虚数）

$\hbar = \dfrac{h}{2\pi}$ （狄拉克常数）

$$i\hbar \overset{\text{时间微分}}{\underset{\text{波函数}}{\dfrac{\partial}{\partial t}\psi}} = \overset{\text{哈密尔顿函数}}{H\psi}$$

这个方程式描述的是，ψ 代表量子存在与否的概率波，将其与哈密尔顿函数 H 所代表的动能与势能结合起来。时间微分是对 ψ 的微小时间变化的计算。

将薛定谔方程式作为一个整体来看的话，只要知道右边能量的具体数值，就能够计算出 ψ 的时间变化

用概率描述世界

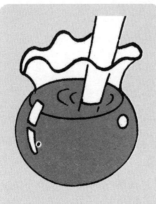

鱼缸中确实存在金鱼，但它到底在哪儿，只有一定的概率可以确定其位置

在同一个位置反复抓的话，就能有一定概率抓住金鱼

无法同时确定的位置与速度

不确定性原理被认为是量子理论的基础,也是维持世界存在的防波堤。

观测的界限

不确定性原理是德国科学家海森堡发现量子理论的基础原理的一种,其描述的是位置与动量(= 质量 × 速度)无法同时被准确地观测到的现象。这里所说的无法被同时观测,并不是测量工具的精度有问题,这只是量子领域的一个基础原则。

(位置的不确定性 Δx)×(动量的不确定性 Δp)会得到比普朗克常数的 h 要大的结果。如在可以正确测量位置的时候 Δx 的值为 0,而不确定性原理中 Δp 的值是无限大的,所以动量就无法被确定。

放眼日常生活,即便是一颗小小的沙粒,与电子的质量(9.1×10^{-31}kg)相比的话,沙粒也是无限大的,这时动量也是无限大,速度变为有限的数值。所以不确定性原理只是一个用于微观世界的概念。

原子不会被破坏的原因

原子内的电子也适用于不确定性原理。我们已经知道,电子是环绕原子做波形运动的,更确切来说,是按照一定的概率分布在原子核周围,由于分布广泛而被人们称为概率云。举例来说,当人在地面上行走的时候,地面的原子和鞋子的原子会相互碰撞,电子会被挤压进一个相对狭小的空间里。这时电子位置的不确定性就会变小。根据不确定性原理,平均动量越大,电子的运动也就越激烈。这就是对抗压缩的抵抗力,最后原子保持了原有的大小。在量子效果的作用下,人才得以在地面上平稳行走。

氢原子的大小约为 0.5×10^{-10}m，这个大小的尺寸被称为玻尔半径。

不确定性原理

$$\Delta x \times \Delta p > h$$

（位置的不确定性）×（动量的不确定性）＞（普朗克常数）

微观世界是什么

动量的不确定性可以用 $\Delta p = m$（质量）$\times \Delta v$（速度）的关系来表示。在微观世界中，质量被认为是无限大的，其结果近似于 $\Delta x = 0$。根据这个结果，就可以同时准确测量出位置与动量这两个值了

与经典物理学并不矛盾

在原子的世界中是这样的

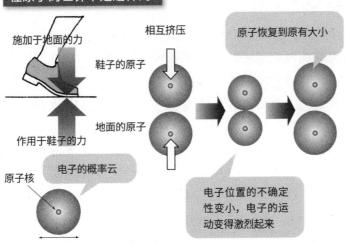

施加于地面的力

作用于鞋子的力

相互挤压

鞋子的原子

地面的原子

原子恢复到原有大小

电子位置的不确定性变小，电子的运动变得激烈起来

原子核

电子的概率云

原子的直径
（能够确定电子所在位置的特定范围）

是神在掷骰子吗

围绕量子理论所观测到的现象与我们的生活常识相距甚远。

薛定谔方程式的解释

关于薛定谔方程式，目前有两种解释。

第 1 种是薛定谔提出的**实在论**。在这个理论中，波方程式表现的是电子的密度，与电磁波一样，电子也是有波动现象的。

第 2 种是马克斯·玻恩主张的概率观点。他认为在电子被观测到以前，是无法知道其确切位置的，观测后才能看到电子的初始位置。这被叫作**实证论**。

就目前来看，实证论被更多的人所接受。但在当年很多物理学家都对此表示异议。这是因为玻恩的观点与经典物理学相去甚远。

存在的问题

爱因斯坦认为概率波这种东西不存在于任何地方，所以他觉得量子论所描述的电子运动只能用概率来解释的理论不够完整。例如，当我们掷出一个骰子，出现 1 点的概率为 $\frac{1}{6}$。实际上如果掷出 100 次骰子，出现 1 点的概率差不多也是 $\frac{1}{6}$。只不过这个值是统计出来的结果，并非像质量那样是实际存在的值。

此外，爱因斯坦还认为，如果电子的运动是有概率的话，那么电子所运动的轨道是不是不存在了呢？也就是说，我们其实并不知道电子是否存在，具体在哪儿，直到实际观测到电子为止。

小知识 电磁波根据波长的不同会有不同的种类。从波长较长的开始，依次是红外线、可见光、紫外线、X 光、伽马射线。

关于电磁波

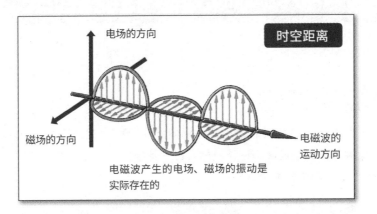

电场的方向

时空距离

磁场的方向

电磁波的运动方向

电磁波产生的电场、磁场的振动是实际存在的

关于概率波

观测前电子的分部概率

·根据计算，得出电子处于某一位置的概率
·右图中，颜色越白的部分越容易找到电子

Dauger Research，Inc. "Atom in a Box"

观测后电子的分部概率

·根据观测，得到了电子最初所在的位置

·观测次数的不同，所观测到的电子位置也不同

确定出的电子所在位置

爱因斯坦所描述的光的粒子性

爱因斯坦通过光所有拥有的粒子性，成功解释了光电效应。

光电效应是什么

当光照射到金属表面后，金属内的电子就会被激发出来，这个现象被称作**光电效应**。该效应拥有以下特征。

（1）根据照射光线颜色（波长）的不同，激发出的电子的能量也有所不同。波长越短，电子的能量越大。

（2）照射光线的亮度（光量）越强，激发出的电子数就越多，但不会造成电子能量上的变化。

光的粒子性

光电效应无法用光的波动性来解释。例如，光照量越强，金属表面获得的光能就越大。这样一来，从金属表面激发出的电子能量也就应该变大。但是这种解释不符合上面所说的特征（2）的描述。

爱因斯坦则从光电效应中光的粒子性方面进行了说明。光的粒子被叫作光子。1个光子拥有的能量为 $h\nu$，亮度则表示光子的数量。根据这样的说法，我们可以知道在特征（1）中描述的波长短，能量 $h\nu$ 就会变大，这时让光子与金属表面的电子产生撞击的话，激发出的电子的能量也就会变大。同时，特征（2）中，照射光的亮度与光子数成正比。金属表面所接受到的光子越多，就会导致其与更多的电子相撞，从而让激发出的电子数量增加。经过这样一番说明，光电效应就能合理地解释清楚了。

虽然爱因斯坦是因为相对论而成名的，但他却是因为在量子理论研究上有突出贡献才获得的诺贝尔奖。

光电效应

特征（1）

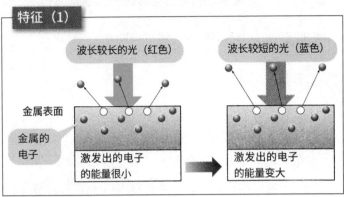

波长较长的光（红色）　　波长较短的光（蓝色）

金属表面

金属的电子

激发出的电子的能量很小　→　激发出的电子的能量变大

特征（2）

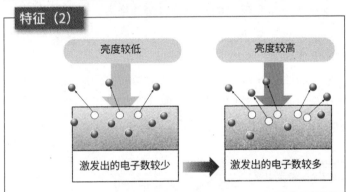

亮度较低　　亮度较高

激发出的电子数较少　→　激发出的电子数较多

作为光子来看的话

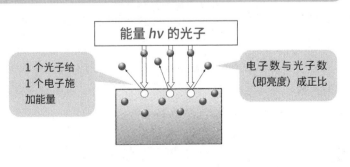

能量 $h\nu$ 的光子

1个光子给1个电子施加能量

电子数与光子数（即亮度）成正比

53

波动性与粒子性

展示电子波动性的实验

与光子拥有波动性和粒子性一样，电子也具有这两种性质。

双缝实验

　　双缝实验清晰地展示出了电子的波动性和粒子性。在实验中，用电子枪朝着一块带有两个缝隙的板子发射电子。当电子穿过缝隙后，会落在一块幕布（侦测屏）上，从而在幕布上留下痕迹。电子被一颗一颗发射出来以后，就会在幕布上留下一个一个的点。最开始这些点的分布是随机的，随着数量的增多，幕布上就会形成电子落点密集的位置和稀疏的位置，看起来就像明暗交替的条纹图案。这就是**干涉条纹**。

　　平行的波在穿过两个缝隙后，会衍射出两组圆形的波。它们在相互作用下加强或减弱，最后在幕布上形成干涉条纹。这个实验的结果为我们展示了电子所拥有的波动性和粒子性。

电子的双缝性

　　只有穿过两个缝隙的波相互干涉，才能形成干涉条纹。那是不是发射出的电子分成两组后才通过缝隙的呢？其实不是。观测幕布的时候，电子确实是一粒一粒显现出来的。但是如果电子只从一条缝隙中穿过的话，就不会在幕布上形成干涉条纹。这个矛盾现象才是量子理论的真髓。

　　电子运动可以通过波动方程式计算出来。由于波动方程式可以表现出**概率波**，那么电子也就会受到概率波的干涉。在被观测到的时候，便会以粒子的状态呈现出来。

 电子是粒子的一种。其电荷叫作基本电荷（符号：e），是物质所能够拥有电荷量的最小单位。

利用水波观察干涉条纹

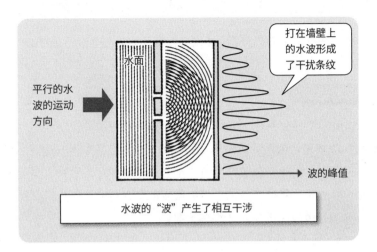

打在墙壁上的水波形成了干扰条纹

水面

平行的水波的运动方向

波的峰值

水波的"波"产生了相互干涉

双缝实验

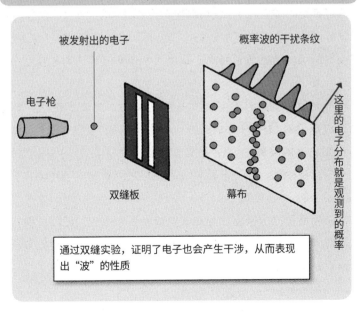

被发射出的电子

概率波的干扰条纹

电子枪

这里的电子分布就是观测到的概率

双缝板

幕布

通过双缝实验，证明了电子也会产生干涉，从而表现出"波"的性质

玻姆的量子势能

玻姆将概率性的要素分开看待，主张将电子作为粒子进行描述。

玻姆的出现

如果以实证论基础来看，没有观测到的过程是"无法描述"的。而戴维·玻姆则认为这样的想法是错误的。他借由薛定谔、爱因斯坦等人的实在论，证明了量子理论可以用实在论来解释。另外，虽然玻姆认为矢量势能（**阿哈罗诺夫－玻姆效应**）是存在的，但这个存在直到1986年通过外村彰的实验才得到证明。

实在论的解释

玻姆理论的重点在于，他将薛定谔方程式中的"粒子"部分与"波"部分分开讨论。从双缝实验来看，"粒子"的部分作为电子来看待的，而"波"的部分就是**量子势能**。这里的量子势能被认为是真空中出现的"量子波"。

电子是像冲浪那样在量子势能中运动的。在实证论中，如果电子只通过双缝实验中的一个缝隙，那么事情就无法讨论了。而用玻姆的实在论来解释的话，由于电子也是一种粒子，所以电子可以只穿过两个缝隙中的一个。也就是说，没有观测到的电子运动也是"可以被描述"的。

将纠缠量子理论概率性的要素推给电子周围的"波"，而将电子作为"粒子"来讨论的话，玻姆就成功地通过实在论的角度解释出了量子理论。

实证论的解释

实证论主张没有被观测到的过程是无法描述的

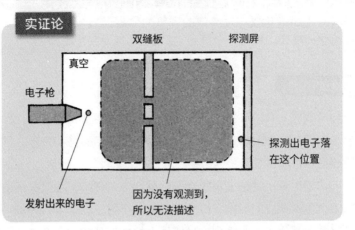

实证论

真空　双缝板　探测屏

电子枪

发射出来的电子

因为没有观测到，所以无法描述

探测出电子落在这个位置

实在论的解释

玻姆的实在论，是将电子作为量子势能的波进行描述

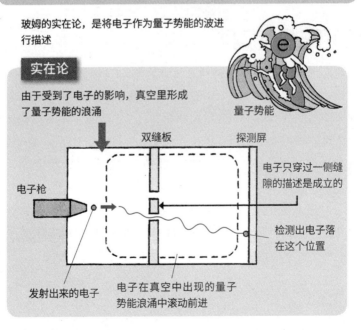

实在论

由于受到了电子的影响，真空里形成了量子势能的浪涌

量子势能

双缝板　探测屏

电子枪

发射出来的电子

电子在真空中出现的量子势能浪涌中滚动前进

电子只穿过一侧缝隙的描述是成立的

检测出电子落在这个位置

量子有一定概率可以穿过势垒

量子有一定概率可以穿过势垒的现象叫作隧穿效应。简单来说，就好像在能量的墙壁上做出一个隧道，使粒子可以从中穿过。

玻姆的出现

隧穿效应，在经典物理学中是一个绝对说不清楚的现象。比如，往杯子里扔一个橡胶球，橡胶球就会与杯壁来回碰撞。当然，这时的橡胶球是不可能穿过杯壁到达杯子外面的。

但如果用量子理论来讲的话，结果就不一样了。我们把杯子想像成一个由能量构成的墙壁，橡胶球则是一个量子。一般认为量子受到能量壁的阻挡，是不会飞到能量壁外面的。但其实这个量子是可以穿过能量壁而到达外面的。这个现象就是隧穿效应。

概率性穿透与 α 衰变

如果用薛定谔的方式解释隧穿效应的话，位于能量壁外侧的量子波动，也就是一定概率下所渗透出的微量量子是存在的。这个存在的概率与双缝实验中出现的概率相同。即使是隧穿效应的情况下，也同样可以表示量子的存在概率。能量壁内侧和外侧都有存在概率，如果从外侧观察量子，看到的就好像是量子从能量壁中穿透一样的感觉。

α 粒子从原子核中放射出来的现象叫作 **α 衰变**，该现象与隧穿效应有密切关系。乔治·伽莫夫通过隧穿效应解释了 α 粒子射出的原理，这就是原子核内能够拉住 α 粒子力，正好与能量壁相当。

 大气中最重的气体成分是氡（元素符号为 Rn），属于放射性物质，可以产生 α 衰变。

隧穿效应

宏观世界

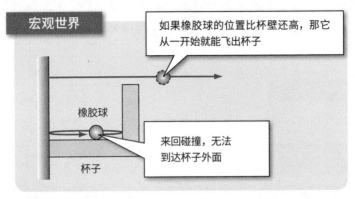

如果橡胶球的位置比杯壁还高，那它从一开始就能飞出杯子

橡胶球

来回碰撞，无法到达杯子外面

杯子

微观世界

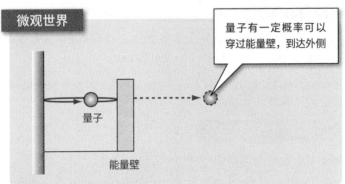

量子有一定概率可以穿过能量壁，到达外侧

量子

能量壁

用波函数来表示

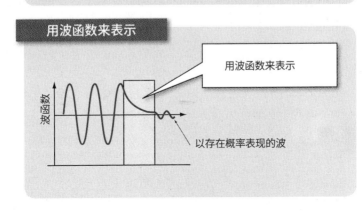

用波函数来表示

波函数

以存在概率表现的波

玻姆对于隧穿效应的解释

玻姆用实在论解释了隧穿效应。虽然结果相同，但他的理论却与实证论不同。

能量壁的晃动

前文中对隧穿效应中概率波的穿透的现象做了解释，但概率波穿透的概念依然不好理解。

如果用玻姆的理论解释，这就是一个容易解释的概念。首先，让拥有粒子性和波动性的量子中只留下粒子性，将波动性推到空间里。这样的话，四角形的能量壁就会像波浪一样摇晃起来。

同时，如果将量子作为粒子来考虑，量子就不可能穿过能量壁。但如果量子能像冲浪一样运动，量子就可以穿过能量壁。

根据这样的理解，只要粒子是实际存在的，隧穿效应就能解释了。

不同的解释, 相同的结果

不论是双缝实验还是隧穿效应，玻姆始终将量子作为粒子来看待，并认为其周围的空间因波动性而处于波动状态。以实在论的解释，由于一直将量子作为粒子来看待，那么即使观测不到，量子也是存在的。另外，在实证论中量子的存在是概率性的，只有实际观测到，才能证明其存在。

不论用玻姆的实在论解释，还是用实证论解释，实验结果都是不会改变的。两种解释最终的结论都是一样的，归根结底仅仅是解释方法不同。

 在等离子物理领域里，玻姆对阿哈罗诺夫－玻姆效应、玻姆－派内斯理论等问题的研究也有突出贡献。

玻姆的隧穿效应

能量壁的波动

截面的示意图

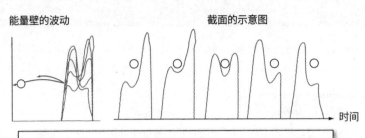

时间

> "空间"作为一种能量壁是处于波动状态的，实际存在的粒子就有机会"看准时机"通过能量壁的阻挡。这个结果与实证论的概率解释是一样的

实在论?还是实证论?

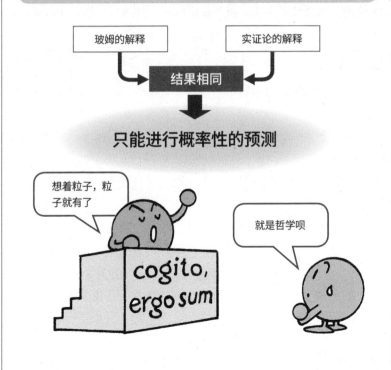

电子的自旋不是旋转的

电子有一个叫作自旋的值，但是这个自旋只能向上或者向下运动。

旋转产生出的力

旋转中的物体可以产生**角动量**（动量矩）。所谓动量矩，就是物质旋转所产生的力的多少。比如，陀螺在旋转的时候，角动量的方向与旋转方向成直角关系。在这个力的作用下，陀螺才可以维持直立的状态。陀螺仪就是利用这个原理制造出来的。另外，携带电荷的粒子的圆周运动方向与旋转方向互为垂直，并产生磁场。电磁铁就是利用这个原理，让电流（电子）通过螺旋线圈，从而产生强力的磁场。

电子的自旋

电子的**自旋值**，是将其自转形象化得来的。为什么说电子的自旋不是自转，而是从自转形象化来的呢？自旋是指类似陀螺或地球这样有一定大小的物体旋转的现象。但是以目前的科技水平，人们还无法观测到小于 10^{-18}m 的电子，也就是说电子的自旋与宏观世界中的自转在本质上是不同的。只不过由于电子像是在自转一样，所以才称其为自旋。

电子的自旋使其具有像磁铁一样的特性。1921 年，美国物理学家斯特恩和德国物理学家格拉赫通过实验，测量出电子磁场的强度。实验的结果是，电子的自旋值只能为 $\frac{h}{2}$ 或 $-\frac{h}{2}$。当值为 + 的时候，自旋是向上的；值为 – 的时候自旋则为向下的状态。在量子世界中，自旋也是只能为不连续的值。

 在没有方向感的宇宙空间中，宇宙飞船是通过陀螺仪来校准方向的。

旋转产生力

角动量（动量矩）

力的方向

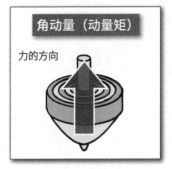

电磁铁

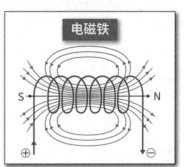

斯特恩－格拉赫的实验

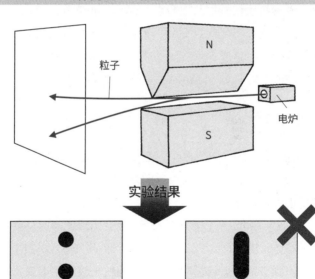

粒子

电炉

实验结果

自旋的方向，也就是磁场的方向，只有上下两种方向，所以量子的成像是分开的

如果自旋的方向是连续的，那么量子的成像也应该是连续的。但实验结果并非如此

量子世界中的奇妙性质

在量子世界中，"观测"这个概念跟日常生活中所说的观测可不是一个概念。

斯特恩—格拉赫的实验

自旋被视为量子世界中的一种神奇性质，让我们通过实验来了解这个性质吧。

斯特恩－格拉赫的实验的原理非常简单，就是让粒子通过磁铁的间隙而已。在新型实验装置中，磁铁组会将由电炉发射过来的粒子分成 3 束，最后又让粒子重新汇合在一起。这种叫作"自旋 1"的粒子的自旋方向有 +1、0、−1 共 3 种。当粒子通过实验装置的时候，会根据不同的自旋方向分成 3 束。如果在不同的路径中设置障碍物，就可以根据自旋的不同而对不同路径上的粒子加以识别。

量子世界的奇妙

如果让"向上的自旋"的粒子通过两个朝向相同的实验装置的话，和通常认为的一样，通过第 1 个装置的粒子，也会通过第 2 个装置。这个结果很容易理解。

可是，如果将第 2 个装置扭转布置，就会出现能够通过第 1 个装置，却通不过第 2 个装置的粒子。这说明第 1 个装置只通过了"向上的自旋"的粒子，但到了第 2 个装置处，却有别的粒子被混了进来。

从这个结果可以看出，粒子的量子状态不是单靠粒子来决定的，一般认为是一整组实验装置才能左右粒子的状态。这就是量子世界与生活中的宏观世界的不同之处。

 这个实验是在理查德·费曼所著的《费曼物理学讲义》中有讲解。

搞清自旋状态的实验

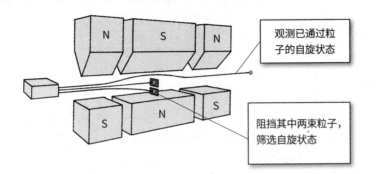

观测已通过粒子的自旋状态

阻挡其中两束粒子，筛选自旋状态

扭转装置可以让量子的性质明朗化

将两组相同的装置串联，后面一组装置沿轴向扭转一定角度

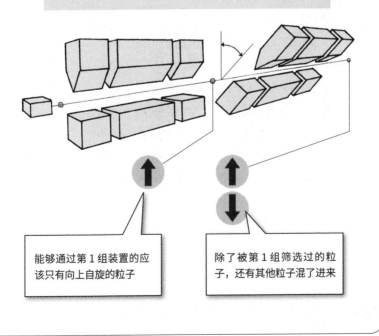

能够通过第1组装置的应该只有向上自旋的粒子

除了被第1组筛选过的粒子，还有其他粒子混了进来

玻色子与费米子

量子有两类，各自具有不同的性质，甚至能够影响到天文现象。

玻色子

量子被自旋值分为了两类。由于自旋只能是不连续的值，在这当中，拥有 0 或 1 这样整数自旋值的粒子叫作**玻色子**，而 $\frac{1}{2}$ 这样半整数自旋值的粒子叫作**费米子**。

玻色子与光子、介子等是同类。

多个玻色子可以为同样的量子状态。这个现象叫作**玻色 - 爱因斯坦凝聚**，是由超流体、超导体所引起的（参考第 68 页）。

费米子

费米子是电子等的同类。与玻色子不同，每个费米子的量子状态都不一样，这就是泡利的不相容原理。在原子的电子轨道上，一个轨道里只能容纳自旋向上和向下的电子各一个。

当出现多个费米子的时候，根据泡利的不相容原理，此时能量会堆积在一起，这叫作**费米子简并**。比如，在恒星内部，电子引起了费米子简并，由于大量低能量、无移动的电子的存在，在其外侧就产生了压力（简并压）。白矮星就是借由电子的简并压保持着其形态，中子星也是依靠中子的简并压来维持形态的。另外，如果没有简并压的控制，这些天体就可能会变成黑洞。

 小知识 由偶数费米子形成的粒子，能够以玻色子的形态出现。这种变化可以引发超流体等现象。

玻色子与费米子

	玻色子	费米子
自旋	整数	半整数
量子状态	多个量子以相同的量子状态存在	没有任何量子是以相同的量子状态存在的
同类的粒子	光量子、介子等	电子、质子等

玻色子允许在一个量子状态下存在多个粒子

费米子只允许在一个量子状态中存在一个粒子

爱因斯坦

泡利

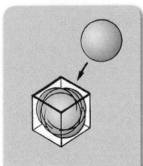

这个示意图表示，不论多少光都可以叠加在一起

能量充满的状态就是费米子简并

奇妙的"超"现象

当超流体和超导体处于温度极低的状态，其量子特性就可以在宏观世界中表现出来。

超流体

氦气经常被用于填充气球。如果把氦气的温度降低到大约4.2K（开尔文）的程度，氦气就会变成液体的状态。如果进一步降低温度到2.1K的话，氦气就会变成**超流体**状态。这种状态变化被叫作**相变**。

超流体最具特点的现象就是黏稠性的消失。当物质失去黏性以后，不论多细微的缝隙都可以毫不费力地穿过去。哪怕是只有100nm（纳米）厚的薄膜一样的超流体，也能够以每秒数米的速度流动。注入烧杯的液体氦能够沿着杯壁流出的现象叫作超流动性。之所以液体氦能沿着杯壁流出来，是因为容器的内侧和外侧都吸附着一层薄膜。这与利用液面高度差所产生的虹吸现象原理相同。

超导体

超导体可以让电阻变为零。这是一种什么概念呢？在一个环形的超导体中导入电流，经过两年的时间，电流都不会有衰减。通过计算，这个状态下的电流可以持续10万年以上的时间。其实这个现象也是量子性质的一种表现。通常电子进行圆周运动的时候，其电磁波会以能量的形式辐射出来。电流的流动方式虽然应该跟电子相同，但如果按照经典物理学方法计算，这个电流只能维持几年的时间。这与玻尔纠结的原子问题在原理上是一样的。

 绝对零度，是热力学的最低温度，但只是理论上的下限值。热力学温标的单位是开尔文（K），0℃约等于273.15K。在0K时，所有热运动停止。

超流体

超流动性现象

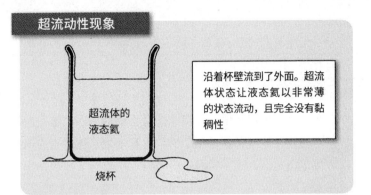

超流体的
液态氦

烧杯

沿着杯壁流到了外面。超流体状态让液态氦以非常薄的状态流动，且完全没有黏稠性

虹吸现象

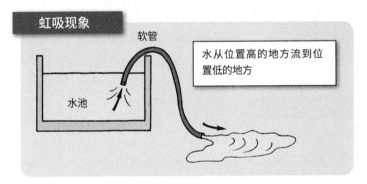

软管

水池

水从位置高的地方流到位置低的地方

超导体

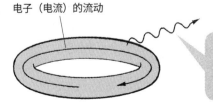

电子（电流）的流动

如果不是超导体，就会有电磁波被释放出来，导致能量损失

在超导体中的电流可以持续 10 万年以上的时间

能量可以在真空中波动

真空是指一无所有的时空。在量子理论中，真空代表最低的能量状态。

能量与时间的不确定性

如果在一个地方存在电子，那么该时空就拥有这个电子的能量。但是根据不确定性原理，这个电子的位置和动量是无法正确测量出来的。这个意思是说，在这个瞬间（t）电子的动能（E）是无法正确测量出来的。其关系为 $\Delta E \cdot \Delta t > h$。

这个概念对真空状态也适用。量子理论中，真空代表时空中能量最低的状态。如果作为真空的时空能量为零，那么就可以确定这个能量就是为零，可这不符合不确定性原理。为此，能量应该是有**波动**的。

成对产生与湮灭

根据不确定性原理，在真空这个时空中，能量不是固定的，而是波动的。根据观测时间的长短，其波动的范围也有所不同。能量波动的程度为 $\Delta E = \dfrac{h}{\Delta t}$ 的关系。如果经过足够时间的观测，这个关系就可以是 $\Delta t = \infty$，能量变化则变成了 $\Delta E = 0$。这就与宏观世界中，人们通常的概念一致了。

不过，观测时间 Δt 越短 ΔE 就越大，能量 ΔE 能够只存在于时间 Δt 中。在 ΔE 的波动作用下，粒子和反粒子的成对产生与湮灭就会反复出现。

 物理学中最短的时间单位被称作普朗克时间。这个值约为 5.4×10^{-44}s。

超流体

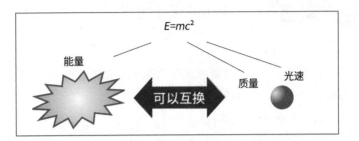

$E=mc^2$

能量 — 质量 光速

可以互换

不确定性原理

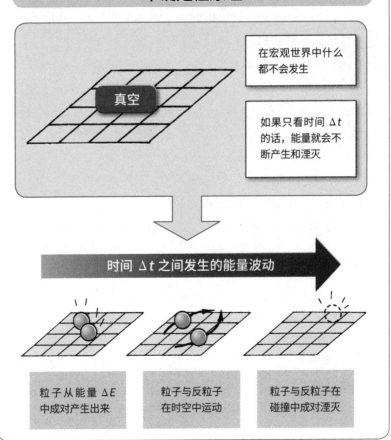

真空

在宏观世界中什么都不会发生

如果只看时间 Δt 的话，能量就会不断产生和湮灭

时间 Δt 之间发生的能量波动

| 粒子从能量 ΔE 中成对产生出来 | 粒子与反粒子在时空中运动 | 粒子与反粒子在碰撞中成对湮灭 |

在生活中，我们的身边充满了各式各样的电器。很多电器里都有电子零件，这些电子零件中就有利用量子特性进行工作的。其中很有代表性的就是二极管。

发光二极管简称 LED（Light Emitting Diode），在照明用途中使用的 LED 就是 LED 灯了。

LED 的工作原理可以用量子力学来说明。LED 是在绝缘体硅结晶中加入少量化合物制成的。这需要两种半导体，其中一种是在硅结晶中混合磷原子（P）的叫作 n 型半导体。硅结晶中的磷原子会发射出 1 个电子，构成 P+ 的状态。也就是说，n 型半导体的电子处于浮动状态。另一种半导体是在硅结晶中加入硼元素（B）所得到的，这种被叫作 p 型半导体。由于硼元素会从硅结晶中取走 1 个电子，所以在充满电子的硅结晶中就会出现一个空位。这个空位叫作空穴，就像是正电子一样。这与狄拉克的负电子设想相似。

将这两种半导体以 PN 结的方式制作在一起，就是我们所说的 LED 了。LED 发光的原理与电子、正电子的成对湮灭后发光相似。当 LED 中 p 型半导体与 n 型半导体的电极正负连接后，其结合面的电子就会与前面提到的空穴发生碰撞，使光子被释放出来，这叫作复合。在量子力学基础上计算出的电子与空穴的能量差称为带隙，这个能量差与同等的光子被从两种半导体的结合面释放出来，然后大量电流开始流动，LED 就能发出光亮了。

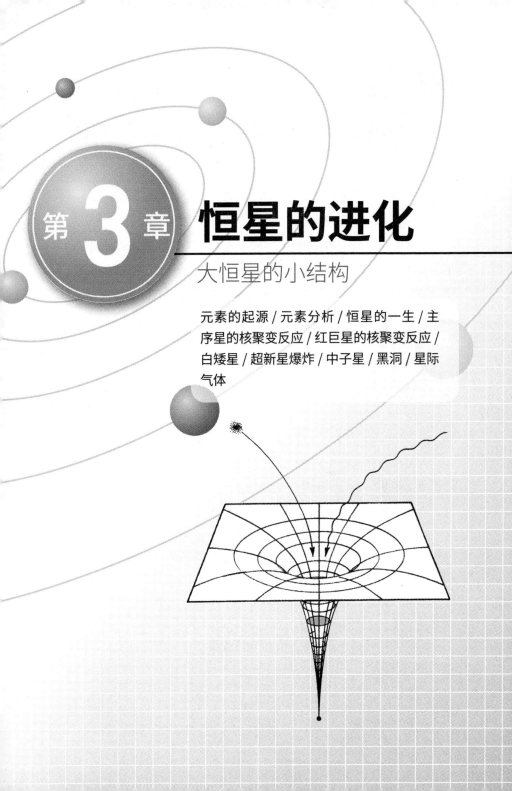

第3章 恒星的进化

大恒星的小结构

元素的起源 / 元素分析 / 恒星的一生 / 主序星的核聚变反应 / 红巨星的核聚变反应 / 白矮星 / 超新星爆炸 / 中子星 / 黑洞 / 星际气体

我们都是恒星的一部分

人的体内有 10 种以上的元素。这些元素是恒星终结时向宇宙中放射的。

在恒星内部生成的元素

宇宙中最早出现的**元素**是氢和氦。之后氢和氦凝聚起来形成了恒星，其内部会产生核聚变。所谓核聚变，就是两个原子**核融合**成更为稳定的原子核的反应，在反应的时候就可以产生出比氦还要重的元素。然后等恒星到了寿命，这些元素就会被释放到宇宙空间中。

恒星的质量越大，就能产生出越重的元素。不过不论质量多大的恒星，通过内部核聚变所产生出来的元素也只能到铁为止了。因为铁的原子核是最为稳定的，所以核聚变无法产生出比铁更重的元素。

人体所不可缺少的元素

人类的身体主要是由水、蛋白质等成分构成的。这些成分所含有的氧原子和碳原子，原本是由恒星内部的核聚变产生的。

人类的身体基本都是由比铁轻的元素构成的，但微量的铁元素对于人体也是不可缺少的。例如，一个成年人体内大约有 100mg 的铜，如果体内缺铜，就会引起贫血，骨骼、动脉的异常，以及知觉神经障碍等症状。

通常认为，像这种比铁重的元素，是大质量恒星寿命到期后，借由超新星爆发所产生出来的。

构成人体的元素，都是宇宙进化过程中所产生的，可能我们都算是恒星的一部分。

公元前 2000 年左右，赫梯人借由高超的制铁技术，建立了强大的国家。其灭亡后，制铁技术外传到其他地区，使这些地方也进入了铁器时代。

人体所必须的元素

人体必须的几种主要元素

元素		体内含量
氧	O	65.0%
碳	C	18.0%
氢	H	10.0%
氮	N	3.0%
钙	Ca	1.5%
磷	P	1.0%

} 98.5%

蛋白质利用元素的性质，
维持各种各样的生理活动

人体组织 70% 是水（H_2O）

红血球

血红蛋白含有铁（Fe），
是携带氧的必备条件

携带遗传信息的 DNA 也是从碳、
氢、氧、氮等元素中产生的

了解构成恒星的元素

通过对遥远恒星所发射光线的分析，就能了解到那个恒星的成分。

特定的元素

生活中充满了各种各样的颜色，而这些颜色都是物质吸收光线后，释放出来的特定色彩（波长）。例如，红色颜料的色彩，就是颜料吸收了红色以外的颜色（补色）后，然后把没能吸收掉的颜色释放出来的结果。

像这样，吸收特定色彩（波长），然后释放出来的现象，与元素的等级相吻合。对氢原子施加能量后会使其发光，使用三棱镜折射其光线后，就会出现**线光谱**。此外，白色光（连续的波长）照射到氢气上后，由于只有特定的色彩（波长）被吸收，在三棱镜下通过氢气的光线的**光谱**中会出现黑色的条纹。这个条纹被叫作**吸收线**。不论是线光谱还是吸收线，都是特定元素产生的，就好像指纹一样独一无二。

恒星的温度与成分

恒星内部在核聚变反应下会产生极高的温度，这个温度会反应在恒星的表面上，以黑体辐射（参考第36页）的方式释放出波长连续的光。一般来说，红色的恒星相对温度较低，蓝色的恒星温度就比较高。也就是说，只要分析出恒星的波长（颜色），就能够了解到恒星表面的温度了。

如果要了解恒星的成分，还需要利用元素吸收线的特性。恒星虽然会以黑体辐射的方式释放出连续波长的光，但是这个光在离开恒星气体的时候，会吸收气体内代表各种元素的波长。于是只要测出这些光的吸收线，就能够确定出恒星是由哪些元素构成的了。

恒星的温度与波长的关系

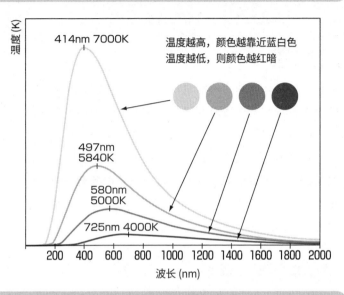

温度 (K)

414nm 7000K

温度越高，颜色越靠近蓝白色
温度越低，则颜色越红暗

497nm
5840K

580nm
5000K

725nm 4000K

波长 (nm)

吸收光谱

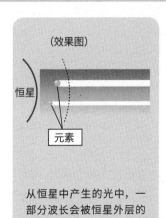

（效果图）

恒星

元素

从恒星中产生的光中，一部分波长会被恒星外层的元素所吸收

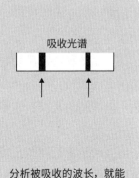

吸收光谱

分析被吸收的波长，就能够确定出恒星中存在何种元素了

质量决定了恒星生命的长短

恒星的一生长短各异。不同质量的恒星，其从诞生到终结的过程也各有不同。

恒星的诞生

恒星是由**星际物质**中的氢气、氦气等气体汇聚而成。在星际物质密集的暗星云内部，密度较高的部分在重力的作用下开始塌缩，并不断将周围的气体吸引过来。在重力压缩所产生的能量作用下，其中心温度达到约 1000 万开的程度，开始了氢气的核聚变反应，一个恒星就此诞生。一颗恒星形成，其所需要的时间也各有不同。和太阳差不多质量的恒星需要经过约 5000 万年的时间来形成，如果质量是太阳20 倍的恒星，则只需要 3 万年左右的时间来形成。

稳定期—晚年—终结

恒星的稳定期处于主序阶段。这是恒星在氢核聚变反应的作用下，状态最为稳定的时期。这个时期也是恒星一生中最长的时期，处于这个时期的恒星被叫作**主序星**。

进入晚年，恒星变成了巨星，其内部也从氢核聚变逐渐过度到氦核聚变。这个氦的核心温度超过 1 亿开，氧和碳也是由氦的核聚变产生的。此时，恒星外层的氢气在高温作用下开始膨胀，体积比主序星时期要大上数十倍到数百倍。不过这个时期非常短，大概只有主序星阶段的十分之一左右。

不同质量的恒星在终结阶段也各有不同。如果质量比太阳小 3 倍以下，其外层的气体会释放走，最后变成白矮星。如果质量为太阳的3~8 倍，就会产生超新星爆炸，然后灰飞烟灭。如果质量在太阳的 8 倍以上，那么这颗恒星就会在超新星爆炸后变成中子星或者黑洞。

小知识 恒星的寿命与质量成反比。太阳的寿命大约有 100 亿年, 质量是太阳 20 倍的恒星, 推测其年龄大约只有 1000 万年。

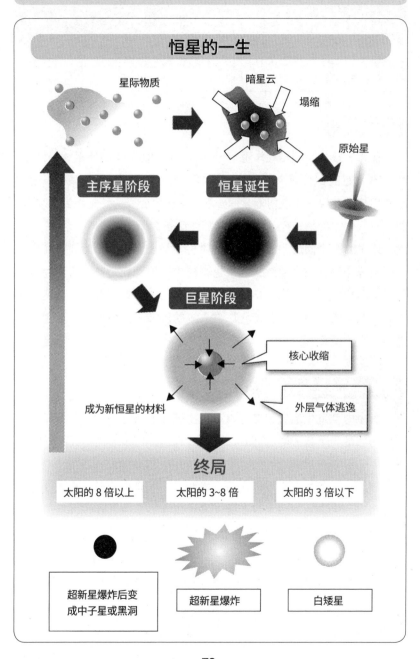

太阳内部发生的核聚变

在恒星内部发生的核聚变作用下，恒星才能发出耀眼的光芒。而这个过程就创造出了新的元素。

关于核能

在原子核之间的相互作用下，因质量减少而产生的能量就是核能。产生出的能量 E 与减少的质量 m 之间是 $E=mc^2$ 的关系。核能发电就是利用核裂变反应来获得能量的。不论是核聚变反应还是**核裂变**反应，两者的共同之处是，经过反应后其整体质量会减少。

这里会有个问题，能量守恒定律里不是说能量既不会凭空产生，也不会凭空消失吗？要解答起来也很简单，因为能量守恒定律说的是化学范畴内的事情。在化学反应下，元素的结合方式发生了改变，而不是这些元素本身有什么变化。古人搞的炼金术之所以无法成功，也是因为这个道理。

恒星内部发生的核聚变

恒星内部发生的核聚变可以产生出炼金术所无法创造的新元素。恒星内部是一个高密度、高温度的环境。在这样一个环境中，原子核（电子、中子）聚集起来的状态比单个状态更稳定。

例如，正电荷会吸引负电荷，当两者变成稍微中性一点的状态后就会稳定下来。这是由于电荷之间有电磁力在产生作用。同样原子核之间也有核力（强烈的相互作用）在发生作用。在这个力的影响下，原子核聚集的状态会更加稳定。

在主序星内部，核聚变反应是4个氢原子聚变成1个氦原子产生的。

 核聚变产生的向外膨胀的力，与重力产生的向内的压力相互平衡，从而才能保持恒星的大小。

主序星内部的核聚变反应

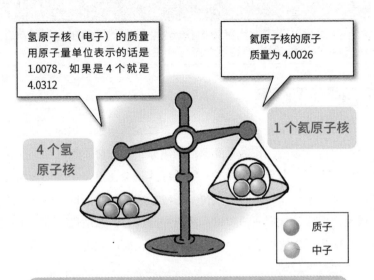

氢原子核（电子）的质量用原子量单位表示的话是1.0078，如果是4个就是4.0312

氦原子核的原子质量为4.0026

4 个氢原子核

1 个氦原子核

- 质子
- 中子

4 个氢原子聚变成 1 个氦原子后会减少 0.7% 的质量。按照 $E=mc^2$ 的关系，减少的质量会作为能量被释放出来

主序星内部的样子

星体的中心是用于核聚变的氦气，其外侧包围着氢气。越靠近中心温度越高，同时发生核聚变反应

He

发生核聚变反应

H

红巨星的核聚变反应

红巨星是制造元素的工厂

红巨星里面可以产生出比氦更重的元素。现在的宇宙中之所以存在着各种各样的元素，都是通过这个过程产生的。

从氦的反应开始

主序星的核聚变反应是由氢原子聚变成氦原子产生的。不过，当这个反应持续进行，作为聚变原料的氢原子的量会不断减少，这样星体内部产生的外向力就会减少，整个星体就会在重力作用下被压缩，并使内部温度升高。这时如果恒星的质量非常巨大的话，就会开始氦的核聚变反应，从而使恒星进入**红巨星**阶段。当温度压力进一步提高后，其反应产生的物质又会引起核聚变，从而产生出比氦的原子序数更大的元素来。

能够产生的元素到铁为止

在红巨星的核聚变反应下，是所有原子序数的元素都能被产生出来吗？其实不是。核聚变反应是原子核之间的聚变，也就是说可以释放出能量。这样在反应后，反应就会进入能量更低、更稳定的状态。所有的元素里，"能量最低、状态最稳定"的元素就是铁。所以核聚变反应是无法产生出原子序数比铁还大的元素的。在红巨星内部，最后也是不断地积攒出铁而已。

宇宙大爆炸时所产生的元素，除了氢和氦以外，就几乎没有其他的了。而如今的宇宙中，除了这两个元素外的其他元素，都是由红巨星的核聚变反应产生的。也就是说，红巨星内部是一个生产元素的工厂。

 当恒星进入红巨星阶段，其外层的氢气会膨胀，使星体的直径比其主序星阶段更大。另外，由于表面温度较低，看起来就是红色的了。

红巨星内部的核聚变反应

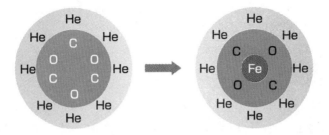

在红巨星内部的核聚变反应下，可以产生出比氦更重的元素。从氦聚变成碳，经过不断的核聚变反应，最终产生出铁

核聚变反应产生的元素到铁为止

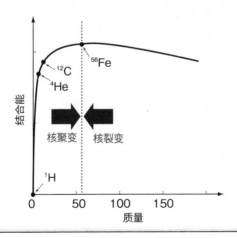

铁（Fe）原子核的键能是最为坚实稳定的，所以核聚变反应无法产生出比铁更重的元素来

白矮星

简并压支撑着的白矮星

太阳质量 3 倍范围内的恒星，在生命周期的最后阶段会变成白矮星。
而支撑白矮星的就是量子力学中的效应。

变成白矮星的过程

　　质量是太阳 3 倍范围内的恒星，到了生命周期的最后阶段，就会变成**白矮星**。当一颗恒星处于主序星阶段的时候，其内部的核聚变会提供稳定的能量来源，从而维持星体的大小。一旦作为燃料的氢减少，核聚变反应减弱后，星体表面的气体就会被释放到宇宙中。而另一方面，星体中心在压缩的作用下，最终变成质量为太阳 1.4 倍（**钱德拉塞卡极限**）以下的蓝白色星体。这就是白矮星。

白矮星不会坍缩的原因

　　恒星在核聚变反应下，保证了其不会被自身重力所压垮。而白矮星的中心已经不会再进行核聚变，也就无法通过这种方式来维持体积。

　　那么为什么白矮星依然不会被压垮（坍缩）呢？这就需要用量子理论来解释了。支撑白矮星不会被压垮的是电子。电子属于费米子，根据泡利的不相容原理，每个电子的状态都是不一样的。也就是说，在电子聚集的时候，都是从能量最低的地方向能量高的地方填充。

　　白矮星是高密度的恒星，$1cm^3$ 的压力高达 1t。为此大量电子被聚集起来，电子的能量也会变大，并以极高的速度在白矮星中运动。在电子运动的作用下，白矮星才得以保持体积。

 白矮星在释放出光（能量）的同时，其温度会逐渐降低，最终会变成沉寂的黑矮星。

84

白矮星的形成

外层膨胀

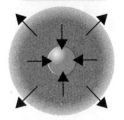

这个阶段无法观测到核心

星体核心的质量在太阳质量的1.4倍以下时，外部的气体就会被释放出去

形成行星状星云

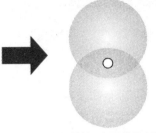

剩下的核心部分就是白矮星

星体外层的气体被释放到宇宙中后，其核心才能够被观测到

泡利的不相容原理

费米子能量

1个空格代表1个状态，在1个空格中只能容纳1个粒子

支撑着白矮星的简并压

电子等费米子同时占据相同的量子状态，被叫作费米子简并。由简并的电子产生出压力，这就是简并压

越往上能量越高

费米子能量

由于自旋的上下差异，使电子进入了相同的量子状态。其能量最高的部分叫作费米子能量

能量最低

85

连接新一代的大爆炸

超新星大爆炸可以产生出比铁更重的元素，而这仅仅需要 10 秒左右的时间。

超新星爆炸与恒星的进化

质量是太阳 3 倍以上的恒星在迎来生命周期最后的阶段时，就会产生大爆炸。这就是**超新星爆炸**。

超新星爆炸大致分成**热失控型**（Ia 型）和**核心坍缩型**（II 型、Ib 型、Ic 型）这两大类。质量是太阳 8 倍以上的恒星就会发生核心坍缩型的超新星爆炸。发生在宇宙早期的这种大质量恒星在生命末期所产生核心坍缩型超新星爆炸，对日后恒星的形成有着重大影响。

最早出现在宇宙中的恒星被称作**第一代恒星**。当这些恒星在生命最后阶段发生超新星大爆炸后，其内部产生的新元素和星际气体被释放到宇宙中。在冲击波的影响下，这些星际气体就会形成新的恒星。这一过程被叫作**超新星爆炸引发新恒星形成的过程**。

产生出比铁更重的元素

银、铂、金、铀等重金属元素，都是核心坍缩型超新星爆炸开始后 10s 的时间里被产生出来的。这个反应过程非常快，被叫作**快中子捕获过程**。通过观测，人们将快中子捕获过程所产生的元素与宇宙早期恒星所含的成分进行对比，发现两者基本一致。所以可以说，金等元素都是在快中子捕获过程中产生的。

在超新星爆炸、形成新的恒星这一过程的反复进行下，宇宙中才会有了各种各样的元素。

 日本诗人藤原定家在其《明月记》中描述过 1054 年时发生的一次超新星爆炸的景象。其残迹就是现在观测到的蟹状星云。

超新星爆炸

核心坍缩型

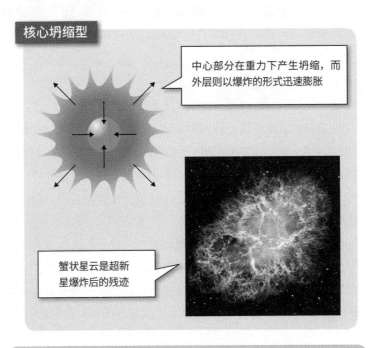

中心部分在重力下产生坍缩，而外层则以爆炸的形式迅速膨胀

蟹状星云是超新星爆炸后的残迹

超新星爆炸引发新恒星形成的过程

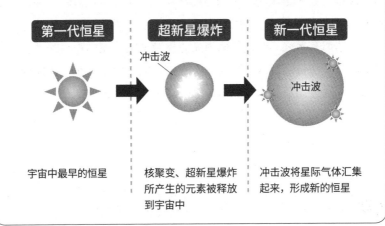

第一代恒星	超新星爆炸	新一代恒星
	冲击波	冲击波
宇宙中最早的恒星	核聚变、超新星爆炸所产生的元素被释放到宇宙中	冲击波将星际气体汇集起来，形成新的恒星

通过超新星爆炸测量距离

Ia 型超新星爆炸的最大亮度基本都是固定值。利用这个特性就可以观测出其距离银河系有多远了。

Ia 型超新星爆炸的原理

Ia 型超新星爆炸被认为只有在**双星**中的一个是白矮星的时候才会发生。所谓双星，是指两个围绕同一个重心运动的恒星。对于我们来说，太阳就是人类身边唯一的一颗恒星，可能就会觉得双星则显得十分珍奇。但放眼全宇宙，以双星形式存在的恒星，比太阳这样单独存在的恒星更为常见。

在双星中，当其中一个恒星变为白矮星后，会将其伴星表面的气体吸引到自己这边。然后随着白矮星质量的增加和压缩，其中心温度也随之增高。当残留在白矮星中的碳达到可以产生核聚变的点火温度后，核聚变反应就会失控，从而爆炸。这就是热失控型的超新星爆炸。

测量出到银河的距离

Ia 型超新星爆炸所产生的亮度和颜色都是有特定值的。那么只要观测 Ia 型超新星爆炸，测量出其产生的亮度，就能计算出爆炸产生地点距离地球有多远了。这是因为光亮度减弱的速度是距离的平方，用已知的亮度与观测到的亮度对比，观察光线变暗了多少，就能计算出距离了。Ia 型超新星对于测量天体距离来说是十分重要的。

 Ia 型、II 型等模式都是根据观测到的光谱特征进行分类的。

Ia 型超新星爆炸的原理

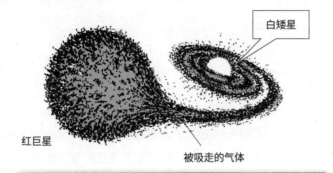

白矮星

红巨星

被吸走的气体

当双星中有一颗为白矮星的时候，其伴星的气体就会被质量更大的白矮星吸走，从而引起爆炸

Ia 型超新星爆炸的原理

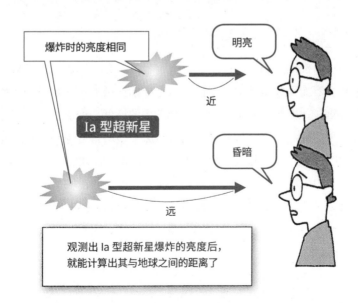

爆炸时的亮度相同

明亮

近

Ia 型超新星

昏暗

远

观测出 Ia 型超新星爆炸的亮度后，就能计算出其与地球之间的距离了

中子星是巨大的原子核

中子星是超新星爆炸后残留下来的天体，其密度比白矮星还要高。

中子星形成的过程

电子的简并压支撑着白矮星不会塌缩，但电子简并压所能支撑住的质量是有极限的。美国天体物理学家钱德拉塞卡计算出白矮星的质量极限是太阳质量的 1.4 倍。这个极限被称作**钱德拉塞卡极限**（参考第 84 页）。

当白矮星的质量超过钱德拉塞卡极限后，就会在自身的重力下进一步被压缩，引起电子并入质子转化成中子的现象，这个现象正好与中子变成质子的 **β 衰变现象**相反。在这个过程后就形成了一个由大量中子构成的**中子星**。

中子星为什么被叫作巨大的原子核

中子星的形成过程中，质子会与电子进行中和，当然这会导致电子数量减少。而支撑星体的电子简并压也会迅速减弱，在重力的作用下引起塌缩。如果塌缩不被停止，持续下去的话就会变成黑洞。但是在大量中子的作用下，星体的密度已经与原子核的密度（约 3×10^{14} g/cm^3）相同，中子产生出强大的简并压，阻止了重力塌缩的进一步发展，从而形成了中子星。

最终中子星核心的密度超过原子核密度的数倍。这也就是为什么中子星被叫作巨大的原子核的原因。顺便说一下，白矮星的密度大约是 10^6 g/cm^3。

 β 衰变是指中子变为质子的现象。这也是量子理论所解释出来的。

中子星的形成理论

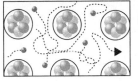

白矮星的密度

高能量电子在原子核周围运动

密度增加 ▶

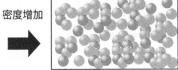

与原子核相同的密度

原子核之间的距离缩短，就好像
整个星体就是一个原子核似的

地球上（β衰变）	● → ● + ● + ●
中子星内部	● + ● → ● + ●

星体压力增高后会引起与β衰变相反的现象，
使星体内的中子激增

● 质子
○ 中子
● 电子
● 中微子

大小与密度的对比

	大阳	白矮星	中子星	黑洞
大小	设值为 1	太阳的 1/100	白矮星的 1/1000	中子星的 1/3
密度 / (1cm³)	1.4g	1t	5 亿 t	200 亿 t

构成中子星的奇妙粒子

中子星的内部并不是只有中子，还存在一些平常看不到的粒子，是一种十分特殊的天体。

中子星研究的开始

不论是中子星还是黑洞，都是在研究白矮星的过程中所做出的理论推测。1932年，查德威克首先发现了中子星，两年后巴德和兹威基发表文章认为有一种由中子构成的高密度恒星，也就是中子星。然后到了1967年，英国科学家休伊什通过脉冲信号发现了中子星（脉冲星）。这之后3年，黑洞也被人们发现。

出现新粒子的可能性

随着20世纪40年代首次发现宇宙中的奇妙粒子，伴随着加速器的发展，很多新的粒子被人们所发现。与此同时，对密度比原子大得多的中子星的研究也在持续推进。

由于理论上认为的中子星中只有中子的说法，与实际的天文观测并不相符，于是也有人认为中子星内部不是只有中子。新发现的粒子中有一种被叫作**超子的粒子**。这种粒子不光地球上没有，放眼整个太阳系也找不到。但人们认为超高密度的中子星内部可能会存在这种粒子。中子、超子可能以流体状态存在于中子星的内部，而在密度最高的中子星核心还会有夸克的存在。

由于中子星在宇宙中是罕见的特殊存在，所以物理、天文都将其作为研究对象。

 查德威克根据 F·约克奥·居里和 I·约克奥·居里（玛丽·居里的女儿）对放射性物质的研究，证实了中子的存在。

中子星的内部结构

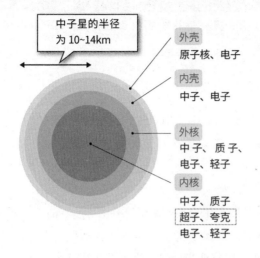

中子星的半径
为 10~14km

外壳
原子核、电子

内壳
中子、电子

比常见的原子
核密度略低

外核
中子、质子、
电子、轻子

内核
中子、质子
超子、夸克
电子、轻子

密度比常见的原子
核密度高两倍以上

脉冲星

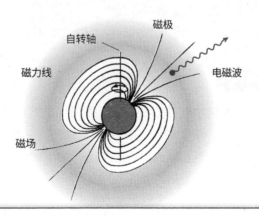

自转轴
磁极
磁力线
电磁波
磁场

这种高密度的中子星拥有强大的磁场，其产生的电磁波被释放到两极的方向上。由于自转速度非常快，这让人们观测到的都是带有一定规律的电磁脉冲。所以这种天体被叫作脉冲星

连光线都能吸进去的时空旋涡

当恒星的生命终结后，由于无法继续支撑自身的重力，而产生持续不断的重力塌缩，这就是黑洞。

视界

爱因斯坦在 1915 年完成了**广义相对论**。这个理论描述了质量会对时空产生什么样的影响，并对其重力状态进行了说明。由于这个理论的方程式十分难解，所以解释清这个理论所说明的现象花了相当多的时间。

第二年，德国物理学家卡尔·史瓦西使用只有中心质点的天体模型，将爱因斯坦的方程式解开。其结果是，越靠近天体的质点中心，时间的流逝越慢，当距离小于**史瓦西半径**时，连光都无法逃逸。之所以说不论什么方法都无法逃脱，是因为目前还不知道这个史瓦西半径以内是什么样子的。这个现象被叫作**视界**。

具有这样特殊性质的天体，就被取名叫**黑洞**。

黑洞的形成

黑洞是在无限大的密度下形成的。打个比方，如果使用什么方法，将地球压缩成一个弹球大小，那么提高的密度就相当于一个小黑洞。

真正的黑洞，是由比太阳质量大几十倍的恒星到了生命中期后，在无法停止的重力塌缩作用下形成的。

 即使是在第一次世界大战的服役期间，史瓦西也没有停止研究。在得出黑洞研究结果的半年后，他便在战区病逝了。

中子星的内部结构

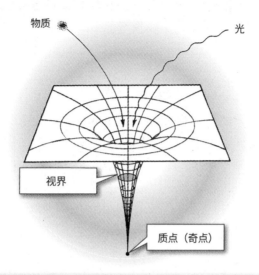

质量让空间产生歪曲。如果落入视界以内，连光都不可能逃脱了

黑洞的形成

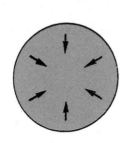

持续不断的重力塌缩

密度增大

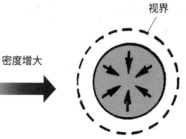

当视界出现在天体表面的外侧，黑洞就形成了

黑洞也会消失

霍金把量子理论的效果套用在黑洞的描述上，并发现了黑洞的蒸发现象。

基于相对论的天体中的量子效应

黑洞的概念是从爱因斯坦的广义相对论中引出的一个描述。如果将黑洞概念套用在量子理论的效果上，会得出一个惊人的结论，那就是黑洞会因为释放能量而蒸发。提出这个描述的就是坐着轮椅的天才物理学家——史蒂芬·霍金。

黑洞的蒸发

史蒂芬·霍金提出黑洞通过吸收一切物质，在变大的同时也会蒸发的理论。看上去这个说法有些矛盾，但其实不然。

我们先假设黑洞视界线附近是真空。根据量子理论的说法，真空中的能量是有波动的。在能量波动的影响下，粒子与反粒子成对产生，然后立刻湮灭，这一过程会不断重复（参考第 71 页）。如果在视界表面的附近出现了成对产生的现象，携带负能量的粒子就会被吸入黑洞，而携带正能量的粒子则会被释放出来。这时在黑洞外侧观察的话，就可以看到从黑洞中喷射出来的粒子。也就是说，黑洞能够释放能量。

被黑洞吸入的粒子将负能量施加给黑洞。这一过程不断重复，最终导致黑洞的蒸发。

 被吸入黑洞的物质，除了质量、电荷、动量矩（角动量）这 3 种物理信息还会存在以外，其他的都会消失。

黑洞蒸发的理论

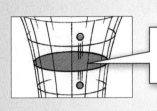

粒子与反粒子的成对产生现象出现在距离视界线很近的地方

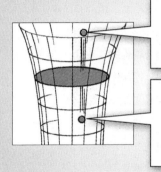

携带正能量的粒子（或者是反粒子）发生湮灭后，其反粒子消失，便被释放出来

在视界线以内，存在通常状态下不可能出现的负能量。携带负能量的反粒子（或者是粒子）会向奇点坠落

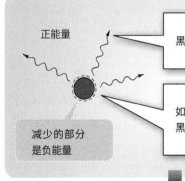

正能量

黑洞会释放出正能量

如果将负能量注入黑洞内部，则黑洞会减少相应部分的能量

减少的部分是负能量

黑洞的蒸发

星际气体

恒星的终结是新恒星的诞生

超新星爆炸等现象产生的星际气体被扩散到宇宙中后，就会成为新恒星形成时所需要的材料。

星际气体的聚集

　　超新星爆炸后被释放到宇宙中的气体叫作**星际气体**。一些密度较高的星际气体会遮挡光线，从地球上观测时就无法看到其背后的星光，所能见到的就是一片漆黑。这就是**暗星云**。猎户座的马头星云是十分有名的暗星云。

　　虽然暗星云中所含有的元素还是以氢和氦为主，但是核聚变反应及超新星爆炸时所产生的各种其他元素也包含在暗星云中。

　　很多时候通过可见光无法观测到暗星云，但只要通过红外线或电波就可以观测到暗星云的状态了。

新恒星的诞生

　　星际气体的密度逐渐提高，一旦形成固态，新的恒星就诞生了。星际气体的一部分在某种作用下逐渐聚集，聚集起来的部分产生出的引力又相互叠加，使密度进一步提高，这一过程会持续进行。

　　聚集在一起的星际气体会释放出它们本身带有的重力能量，产生大量的热量，然后就会出现一颗明亮光辉的恒星，这个状态被叫作**原恒星**。随着星际气体进一步聚集，温度也随之上升，当温度达到可以引起氢的核聚变时，原恒星就会转变成主序星。

　　新的主序星出现以后，经过前文所讲述的过程后结束它的一生，然后变成下一代恒星的材料。

　星际气体的聚集是需要条件的，如在附近出现的超新星爆炸的冲击下，星际气体才会聚集。

98

暗星云

密度较高的星际气体会遮挡光线，使其看起来一片漆黑。马头星云就是典型的代表

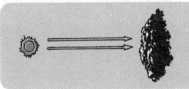

看不到星云的后面

原恒星的诞生

聚集起来的星际气体内部开始出现原恒星，这时其四周的星际气体会被照亮。猎户座大星云就是这个现象的代表

原恒星产生的光线可以被观测到

夸克星的可能性

按照粒子标准模型的理论，构成物质的基本粒子都是来自夸克和轻子。这些基本粒子以成对的状态分为3代。以夸克为例，分为"上夸克、下夸克""粲夸克、奇异夸克""顶夸克、底夸克"。轻子的话，分为"电子、电子中微子""μ子、μ子中微子""τ子、τ子中微子"。

在宏观世界中，轻子可以被单独观测到，但夸克就没法单独观测到了。不过人们认为在早期宇宙那种超高温、超高密度的环境下，夸克也是能够单独运动的，然后推测到了现在，在中子星这样的高密度天体内，夸克也应该能够单独运动的。

说到底，中子星的概念也是来自巴德和兹威基的推测。他们的这个概念发表于中子星被发现的两年后，当时认为质子、中子、电子都是基本粒子。但是质子、中子都是由更小的夸克构成的，所以宇宙中是否存在密度比中子星更大的夸克星，又引起了人们的讨论。

在蟹状星云中存在一个可能是夸克星的天体。通过观测，人们发现在这片星云中有高密度天体存在，其周围分布着的分子云是超新星爆炸时被释放出来的星际气体，绵延两光年的范围。这个天体是否是夸克星取决于它的密度达到什么程度。于是一些研究人员主张蟹状星云中存在比中子星密度更高的夸克星。但是这个说法存在诸多异议，至今也没有定论。

第 **4** 章

观测到的最新的宇宙状态

观测宇宙的方法

电磁波 / 发现黑洞 / 银河系的构造 / 宇宙射线的起源 / 伽马射线暴 / 红移 / 宇宙背景辐射 /WMAP/ 暗物质 / 暗能量 / 宇宙的构成要素 / 宇宙大尺度结构 / 大型对撞机

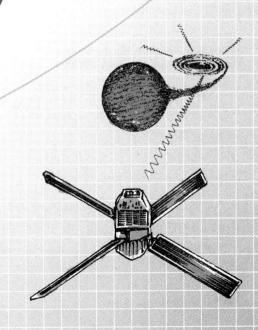

电磁波

在宇宙中旅行的电磁波

古时的人们通过对繁星进行标记，展开了对宇宙的研究。如今人们又通过各种各样的电磁波来了解宇宙的样子。

用电磁波才能看到的东西

宇宙中存在着各种各样的**电磁波**。按照电磁波能量从小到大排列，依次是**无线电波**、**红外线**、**可见光**、**紫外线**、**X 射线**、**γ 射线**。由于能量较高的紫外线、X 射线几乎无法穿过地球的大气层，因此需要通过人造卫星才能观测到。

电磁波（光子）受 4 种基本力中的电磁力所影响。也就是说，恒星不仅能发光，其引起的电荷运动等都是与电磁力相关的。例如，之所以能够分析出恒星的成分，就是在分析原子中电子跃迁所产生的电磁力。另外，利用多普勒效应还可以计算出遥远恒星的速度，以及这颗恒星是否存在有伴星。

电磁波所能观测到的范围

电磁波（光）所能观测到的东西是有范围的。例如，浓雾之中，我们很难看清周围的风景。这是因为雾的颗粒散射了光线，使风景这一信息变得模糊起来。

这样的现象在宇宙中也会发生，在宇宙中就不是雾了，而是**等离子体**。宇宙诞生之时是充满了等离子体，直到 38 万年后，这些等离子体才开始消散。也就是说，我们观测不到这 38 万年以前的光线。另外，太阳的中心部分也因为处于等离子体状态，光线散射，因此无法了解其内部具体的样子。

 等离子体是原子核与电子分离(电离)后的状态。这时,光会受到电子或质子的阻碍,无法直线前进。

电磁波

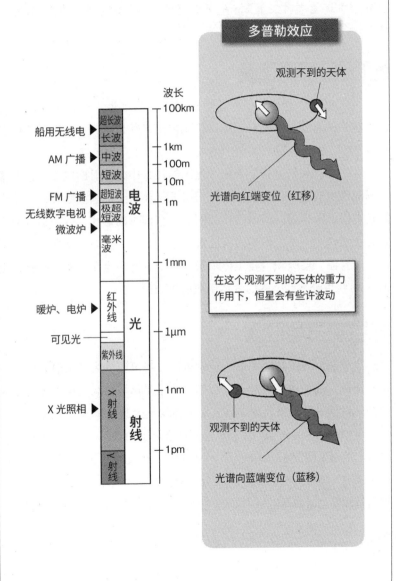

多普勒效应

观测不到的天体

光谱向红端变位（红移）

在这个观测不到的天体的重力作用下，恒星会有些许波动

观测不到的天体

光谱向蓝端变位（蓝移）

波长

		波长
船用无线电 ▶	超长波	100km
	长波	1km
AM 广播 ▶	中波	100m
	短波	10m
FM 广播 ▶	超短波	1m
无线数字电视 ▶	极超短波	
微波炉 ▶	毫米波	1mm
暖炉、电炉 ▶	红外线	
可见光		1μm
	紫外线	
X 光照相 ▶	X 射线	1nm
	γ 射线	1pm

电波

光

射线

103

找到看不见的黑洞

连光线都能吞噬掉的黑洞，是无法直接观测到的。黑洞的存在，是通过观测和理论结合证明出来的。

发现可能存在的黑洞

天鹅座 X-1 天体在 1962 年[1]被发现是一个强大的 X 射线源，所以被认为很可能是个黑洞。由于黑洞能把光线也吸进去，所以无法直接观测到，但黑洞会对其四周的天体环境产生重大影响。

其中之一就是，物质被吸入黑洞的过程中会放射出电磁波。如果黑洞附近有其他恒星，那么这颗恒星的气体就会被黑洞吸收，气体会旋转着向黑洞坠落。这时气体会形成一个圆盘的形状，这个圆盘被称作吸积盘。当气体的旋转速度接近光速后，气体会因为其自身的摩擦而急速升温，使吸积盘在黑体辐射的作用下产生光亮。X-1 所释放出的 X 射线也是这些坠落的气体所放射出来的。

收集黑洞存在的证据

由于黑洞周围是明亮的，这就可以寻找可能成为黑洞的天体。但是其周围存在的也有可能是白矮星、中子星这样的高密度天体。这样就必须设法证明，被发现的高密度天体就是黑洞，而不是其他什么。

疑似黑洞的天体与恒星处于相互环绕运动的状态，调查其吸积盘中释放出的 X 射线的强弱和光谱，并观测恒星的动态，就可以知道这个疑似黑洞的天体的质量有多大。如果这个疑似黑洞的天体的体积非常微小，但质量却超过了白矮星或中子星，那么就可以肯定这个天体就是黑洞了。

 在黑洞吸收气体的时候，由于有视界的存在，所以气体不会与黑洞表面发生摩擦。

①也有资料显示为 1965 年。——译者注

最有可能是黑洞的天体

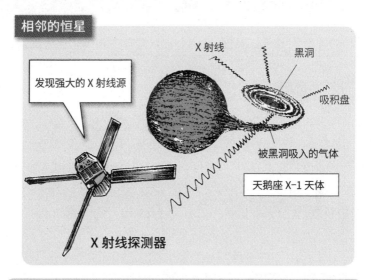

相邻的恒星

X 射线

黑洞

吸积盘

发现强大的 X 射线源

被黑洞吸入的气体

天鹅座 X-1 天体

X 射线探测器

如何找到看不见的东西

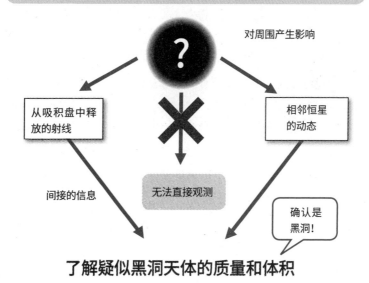

对周围产生影响

?

从吸积盘中释放的射线

相邻恒星的动态

间接的信息

无法直接观测

确认是黑洞!

了解疑似黑洞天体的质量和体积

恒星汇集而成的银河系

银河系的构造大致分 3 部分，其中心被认为存在着一个巨大的黑洞。

银河系的中心

　　银河系的中心部分被称为**银核**，其直径约为 1.5 万光年，可能存在有 100 亿颗恒星。根据近期的观测，银核里面一直很活跃，直到现在都有新的恒星在不断产生。从大质量的年轻恒星到银河系形成初期就出现的老年恒星（其年龄在数十亿 ~100 亿岁之间），一同存在于银核当中。据估算，在银核的中心位置存在着一个质量为太阳 400 万倍的黑洞。

银河的圆盘和四周

　　银河的圆盘（银盘）由恒星、尘埃、气体组成。其直径大约有 10 万光年，成中间厚四周薄的凸透镜形状。地球所在的太阳系距离银河中心大约 2.8 万光年。银盘中心还有 4 条向外延伸的旋壁。

　　在凸透镜形状的银盘外面有一个球形区域，被叫作**银晕**。研究者们认为这个部分有 3 层结构。其最内侧是比银河系稍大、直径约 15 万光年的内银晕。位于中间一层的部分被叫作**银冕**，由稀薄的气体组成。最外侧的部分，经推测可能是由肉眼不可见的暗物质（参考第 118 页）组成的**暗银冕**。这个推测是根据银河周围的小银河的运动得来的，其直径大约有 60 万光年。

 哈勃按照星系的形状，把不同的星系分为椭圆星系、透镜星系、旋涡星系、棒旋星系和不规则星系，一共 5 个类别。

银河系的构选

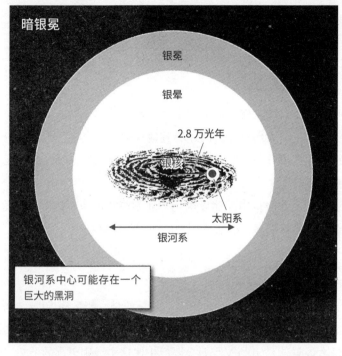

超高能量宇宙射线之谜

宇宙射线指来自宇宙中的粒子，其中大部分是质子。到目前为止，人们尚无法判明宇宙射线的来源是什么。

什么是宇宙射线

所谓**宇宙射线**，就是从宇宙中发射出来的粒子，这其中质子（氢原子核）占了一大部分，同时还有其他种类的元素也会出现。由于宇宙射线的元素成分与太阳系中的元素构成十分相像，所以一些观点认为宇宙射线基本上都是源自银河系中的。

宇宙射线的能量由其速度决定。通常能量的单位用 eV 来表示。宇宙射线的能量越高，所能达到地球的粒子数就越少。

超高能量宇宙射线之谜

宇宙射线的起源有多种推测，但公认的是，能量到 10^{15}eV 为止的宇宙射线基本上都起源于银河系内。究其原因，是超新星爆炸所能产生的最大能量就是 10^{15}eV。如果要产生比这个级别更高的能量，就需要别的加速方式了，这被认为是银河系外才有的现象。

不过关于能量在 10^{15}eV 以上的粒子是如何形成的问题，有着不少的说法，至今仍然没有一个定论。

根据推测，能量在 6×10^{19}eV 以上的宇宙射线，会跟宇宙中的光子（宇宙背景辐射）产生碰撞，从而使能量减少。这个现象叫作 **GZK 极限**。能量超过 10^{20}eV 宇宙射线被认为是无法到达地球的。根据实际观测，还是会存在一些未知的现象。

 eV 是电子伏特（Electron-Volt）的缩写。1eV 的概念是 1 个电子在经过 1 个伏特的电场加速后所获得的动能。

宇宙射线的种类

太阳系内外存在的元素
（宇宙射线）基本相同

也就是说

基本上所有的宇宙射线都
起源于太阳系所在的银河
系内

宇宙射线的不同之处

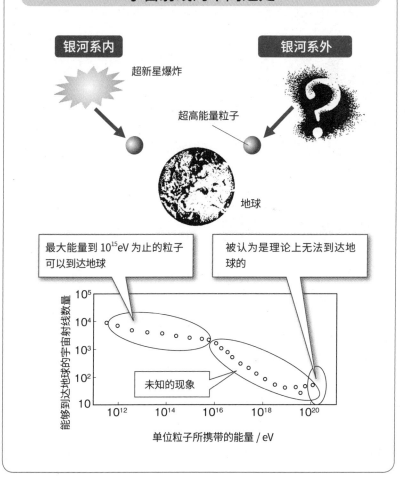

银河系内

超新星爆炸

银河系外

超高能量粒子

地球

最大能量到 10^{15}eV 为止的粒子
可以到达地球

被认为是理论上无法到达地
球的

未知的现象

能够到达地球的宇宙射线数量

10^5
10^4
10^3
10^2
10

10^{12}　10^{14}　10^{16}　10^{18}　10^{20}

单位粒子所携带的能量 / eV

来自银河系外的神秘射线

通过观测宇宙，人们发现一种叫作伽马射线暴的神秘现象，于是开始寻找是什么天体引起的这一现象。

神秘的伽马射线

宇宙中有一种叫作**伽马射线暴**的现象。差不多每天都会有一次伽马射线暴发生。伽马射线是一种高能量电磁波，其成因至今都是个迷。

根据伽马射线暴的持续时间，大致可以分为长短两种。短的有 0.5 秒左右，长的能持续 50 秒前后。这意味着至少有两种条件会促成伽马射线暴的产生。

调查伽马射线暴的发射方向，发现这种现象均匀地分布在整个银河系中。如果是在银河系内产生的，那么其分布就应该集中在我们所说的"银河"。实际上则不是，这说明伽马射线都是从银河系以外产生的。

引发伽马射线暴的天体现象

人们至今都不知道是什么天体现象引发了伽马射线暴，只能通过不断观察研究，对其形成条件大致总结。

首先，对于持续时间较长的伽马射线暴来说，人们认为可能是大质量恒星死亡时，因重力塌缩所产生的。持续时间短的伽马射线暴则被怀疑是两颗中子星碰撞所产生的。

虽然这是一种谜团重重的宇宙现象，但只要不断对其进行观测，也许就能验证量子重力理论。

 首次发现伽马射线暴的，是一颗用于观测核试验的美国侦查卫星。

伽马射线暴的分布

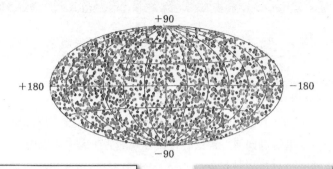

+90
+180
−180
−90

调查伽马射线暴的产生方向后发现，其发生点均匀地分布在整个银河系中

应该是产生于银河系以外

听说第一次发现伽马射线暴的是一个用来观测核试验的美国卫星

有这么多外星人都在搞核试验吗

引起伽马射线暴的天体现象

如两颗中子星相互碰撞，就会释放出巨大的能量

111

通过光谱了解膨胀速度

通过红移现象,我们知道了遥远的星系离我们越来越远的现象。

多普勒效应

在第 22 页的内容中,我们已经介绍过宇宙是处于不断膨胀的状态中的。这里就对如何发现这一现象及观测方法做下简单的介绍。

哈勃通过测量河外星系的距离与移动速度,估算出宇宙的膨胀速度。那么这个移动速度是如何测量出来的呢?

当观测人与被观测物体处于相对运动状态的时候,被观测物体所发出的电磁波的波长,在发射时与被观测到的时候是不同的。这就是我们常说的**多普勒效应**。比如,一辆救护车驶来和离去时,我们所听到的声音是不同的,这个现象就是多普勒效应的表现。

红移

天体光谱中含有能吸收钙元素的吸收线。在任意距离的观测点上所观测到的吸收线的波长都是相同的。也就是说,只要测量出观测时的位置与当前位置的差值,就可以得出**红移**的多少。远离地球的天体,其光谱整体偏红。这是因为天体移动时所发射的光线的波长变长的缘故(即移向光谱的红端)。由于钙的吸收线的波长也会一同变长,这就能得出钙的吸收线与观测到的吸收线的差值。天体远离地球的速度越快,其波长的差值就越大。

另外,如果是朝着地球移动的天体,其波长比可见光要短,也就是向光谱的蓝端移动,这个现象被叫作**蓝移**。

 测量棒球、网球等球速的测速仪,也是利用多普勒效应工作的。

多普勒效应

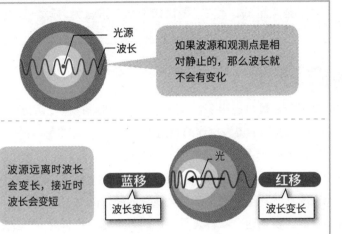

光源
波长

如果波源和观测点是相对静止的，那么波长就不会有变化

波源远离时波长会变长，接近时波长会变短

光

蓝移

波长变短

红移

波长变长

宇宙膨胀与红移

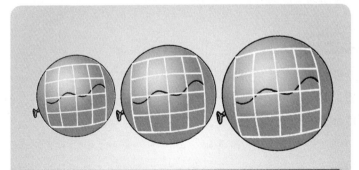

上图说明了宇宙膨胀所产生的红移现象。经过宇宙背景辐射，宇宙才从高温状态变成了现在的温度，这正是因为宇宙处于膨胀状态中

证明宇宙大爆炸理论的噪音

在研发通信卫星的过程中，无论如何都无法避免信号中的噪音。而正是这个噪音，证明了宇宙大爆炸的存在。

宇宙的温度

伽莫夫是最早提出宇宙大爆炸假设的人。该假设认为现在宇宙中 5~7K 的温度是宇宙大爆炸的余温。

伽莫夫提出宇宙大爆炸假设约 20 年后，人们发现通信卫星的信号中总是有无法去除的噪音。工程师彭齐亚斯和威尔逊绞尽脑汁想找出原因所在，甚至认为是不是天线上的鸽子粪便引起的干扰。经过各种调查后，发现这个噪音是从宇宙的各个方向传来的，于是**宇宙背景辐射**这一天文现象被发现了。

这之后，用精确测量得到的宇宙背景辐射的光谱对照普朗克公式，得出宇宙的温度为 2.7 开。

未解之谜

彭齐亚斯和威尔逊发现的宇宙背景辐射现象，证明了宇宙曾经处于超高温状态，这成为宇宙大爆炸理论的有力论证，说明现在的宇宙温度是宇宙大爆炸时的余温。

但宇宙大爆炸还存在未解之谜。伽莫夫为了说明元素起源，认为宇宙的早期一定是一个火球，但为什么是火球，他却无法解释。也有人认为，现在的宇宙是在量子重力的影响下产生的。宇宙的诞生依然是个谜。

 手机通话时的噪音，有一部分就是由宇宙背景辐射所造成的。在不经意间，我们都听到了来自宇宙起源时的声音。

宇宙退耦

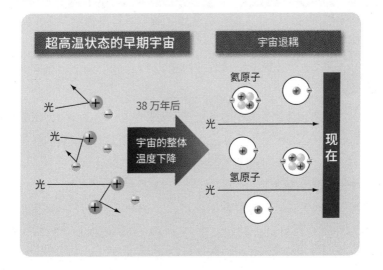

宇宙退耦

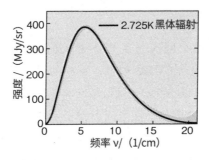

温度为 2.725K 的黑体辐射的光谱, 与宇宙背景辐射光谱的差异只有 0.005%, 基本是一致的

WMAP

空间探测器发现的波动

两台空间探测器可以让人们更详细地了解宇宙背景辐射现象。其发现的波动现象对于判明宇宙历史有着重大意义。

COBE

彭齐亚斯和威尔逊发现的宇宙背景辐射现象证明了宇宙大爆炸的理论。科研人员们详细研究了宇宙背景辐射后，认为宇宙早期的状态也许可以观测到。将空间探测器发射到更容易接受微波的大气层外，就能够更加准确地测出宇宙背景辐射来自何方，以及其是否有强弱差异。

美国在 1989 年发射的空间探测器 **COBE**（宇宙背景探测器）可以对宇宙背景辐射进行精确测量。通过 COBE 的探测，科研人员得到两个结果。其一是宇宙背景辐射看上去大致是各向同性的；其二是宇宙背景辐射是有波动性的。这个波动性可以反映出宇宙早期的量子波动现象。

WMAP

2001 年发射的空间探测器 **WMAP**（威尔金森微波各向异性探测器）的工作目的与 COBE 很像，不同的是它们的分辨率。比起COBE，WMAP 可以绘制出更加清晰准确的分布图。

通过 WMAP 的探测，许多问题都有了答案。（1）宇宙是平坦的；（2）宇宙的年龄是 137 亿年；（3）宇宙的能量中有 4% 是物质，22% 是暗物质，剩下的 75% 是暗能量；（4）宇宙膨胀理论是正确的。

目前科学界对于宇宙中的各种理论，很多都是通过 WMAP 的观测结果得到确认的。

 COBE、WMAP 的测量结果，虽然是基于多普勒效应的基础上，但在计算时这里的变量被忽略掉了。

空间探测器观测到的宇宙背景辐射

COBE 发射于 1989 年，WMAP 发射于 2001 年。两者都是用于观测微波的空间探测器

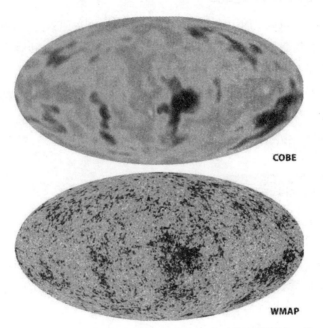

COBE

WMAP

NASA/WMAP Science Team

斑点状的团表示的是温度的波动，是平均温度的 $1/10^5$ 大小。表现的是宇宙诞生后约 38 万年后的物质分布密度。根据这些观测结果，构造出了宇宙大尺度结构

117

暗物质 1

银河旋转之谜

银河系实际的旋转速度，比通过观测到的物质量计算出来的速度更快，这是因为受到了暗物质的影响。

源自万有引力的旋转

天体在轨道上的运转速度由"万有引力"来决定的。太阳四周的行星的公转周期是由行星与太阳的距离决定的，其中水星公转周期约为 88 天，金星是 225 天，地球是 365 天（1 年），火星大概要 2 年等。越靠近太阳系外侧的行星，其公转周期越长，运转速度也越慢。观测到的运转速度，与牛顿的万有引力定律计算出的结果是相同的。

同样，银河系的旋转速度也可以通过计算推测出来。

发现看不见的物质

20 世纪 30 年代，天文学家弗里兹·扎维奇在对星系团中的各个星系观测时，发现星系的旋转速度比"肉眼看起来"的要快。用牛顿的万有引力定律测算了一下，这个速度快到足矣让星系团四分五裂。于是他怀疑是不是有一种看不见的物质，也就是**暗物质**在维持着星系团的构造。

经过半个世纪，这个想法逐渐被淡忘了。不过随着对宇宙观测的增多，暗物质的存在却逐渐明了起来。通过对银河系的观测，确定了银盘的实际旋转速度，比用已观测到的物质计算出的速度要快。

到如今，通过更多的观测，发现看不见的物质远比看得见的物质要多得多。宇宙实际上是由这些看不见的物质所构成的。

 由于水星的自转速度非常慢，导致水星的 1 天是地球 1 天长度的 176 倍。水星的 1 天，比它的 1 年（88 天）还长。

重力影响旋转速度

行星的公转速度

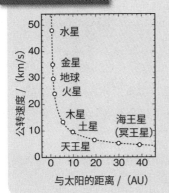

太阳系中的恒星由于规模较小，也就不受暗物质的影响。所以距离太阳越远的行星，其公转速度越慢

暗物质的影响

星系的轨道速度

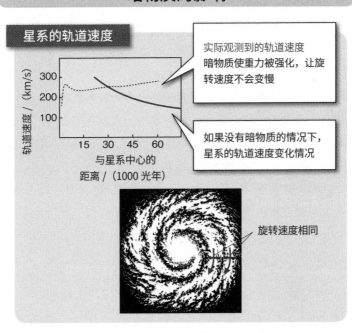

实际观测到的轨道速度暗物质使重力被强化，让旋转速度不会变慢

如果没有暗物质的情况下，星系的轨道速度变化情况

旋转速度相同

已判明的暗物质分布

虽然人们还不清楚暗物质具体是什么，但是暗物质对宇宙的历史有着重大的影响已是不争的事实。

暗物质的真实身份

虽然看不到暗物质，但其与通常的物质一样，是有质量的。星系的旋转速度等信息可以证明其确实存在，只是暗物质的真实身份始终不为人知。

目前通过超对称理论等最新理论的推测，有研究认为暗物质是还没有被观测到的新型粒子。

发现看不见的物质

由于暗物质也是有质量的，那么就跟用广义相对论所描述的一般物质一样，会影响到光的传播路线。光在这些质量的影响下产生了类似透镜折射的现象，这被叫作引力透镜效应。

根据重力透镜效应就可以观测到暗物质的分布状态。如果在一个暗物质聚集的地方，其背景处星系所发出的光就是歪曲的，位置也与实际看到的不同。通过掌握这些现象出现的区域，就可以计算出暗物质的分布情况了。

计算出的暗物质立体分布状态，与可见物质的分布区域是相符的。这个现象意味着暗物质的质量将其他物质聚集起来，对星系、甚至是宇宙的大尺度结构形成之时都产生了重大影响。

小知识　1919 年日食的时候，在引力透镜效应的作用下，从太阳内侧观测到了星光。这个现象证实了广义相对论的描述。

引力透镜效应

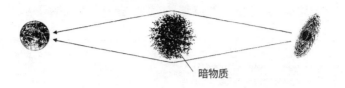

暗物质

如果在光的传播路线上出现了大质量的物质，那么光线就会被歪曲。这与透镜的效果有些相似

暗物质的分布

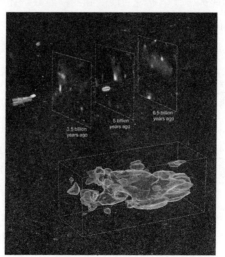

NASA, ESA and R. Massey（California Institute of Technology）

COSMOS 计划是一个对暗物质的分布情况进行调查的工程。首先用哈勃太空望远镜对约 50 万个星系的形状进行了精密测量，然后通过昴星团望远镜（日本国立天文台在夏威夷建造的天文望远镜）观测到的光谱，计算出地球与各个星系之间的距离。最后制作出了一个纵深约 80 亿光年，宽约 3 亿光年，狭长的暗物质立体分布图

121

暗能量

加快宇宙膨胀速度的神秘能量

根据宇宙膨胀、曲率的观测结果，发现宇宙中还存在有不为人知的神秘能量。

观测假设中的神秘能量

两个事实说明了宇宙中还存在有不为人知的神秘能量。

一、在观测到发生在遥远深空中的超新星爆炸后，了解到宇宙膨胀的速度在某一时间点上开始加速。

二、通过 WMAP 的观测，了解到宇宙整体的形状是平坦的，但这个平坦形状的成因，仅依靠现有观测到的物质数据还无法解释。与可见物质和暗物质的引力相对，还应该有斥力的存在。

引起这些现象的原因目前依然不明，所以就用**暗能量**来代表了。

暗能量的真实身份

关于暗能量的真实身份，有这么几个备选。如果说暗能量是宇宙真空所拥有的能量的话，就与爱因斯坦方程式中描述能量的**宇宙常数**是一致的。虽然宇宙常数被爱因斯坦自己否定，但也许可以再次被提出来。

另外也有可能是某种未知的粒子，这就是被叫做**第 5 元素**的东西。古希腊哲学认为第 5 元素是空气、土、火、水以外的"完美物质"。

还有一种观点是，根据膜理论的模型（参考第 210 页），其他膜宇宙的引力对我们所在宇宙的影响才是暗能量的真实身份。

 暗能量的问题用现有物理理论还无法解释，这需要科研人员提出新的物理理论才能对其进行说明。

导致膨胀加速的能量

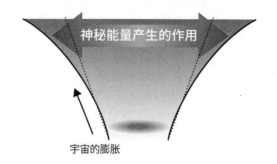

神秘能量产生的作用

宇宙的膨胀

由于受到某种未知能量的影响，在其斥力的作用下，宇宙膨胀的速度正在提高

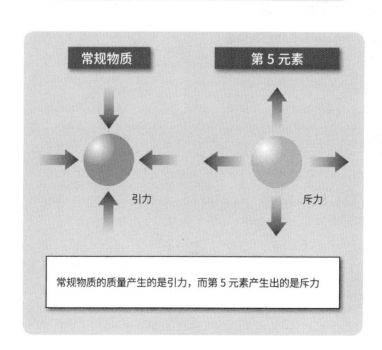

常规物质

第 5 元素

引力

斥力

常规物质的质量产生的是引力，而第 5 元素产生出的是斥力

宇宙的 96% 还不为人所知

爱因斯坦方程式描述了宇宙的形成过程。那么只要搞清宇宙的膨胀速度，就能看清宇宙的整体状态。

什么是宇宙常数

爱因斯坦在提出广义相对论后，认识到这个理论可以对整个宇宙进行描述，并制作了宇宙的模型。爱因斯坦方程式中代入的宇宙常数的参数，是需要通过观测才能得到的。为此科研人员开始倾尽全力观测宇宙膨胀的速度。

观测到的宇宙状态

想要搞清宇宙膨胀的速度，就需要调查 Ia 型超新星爆炸亮度值与其光谱红移的值，并将这个数值作为宇宙常数导入到方程式中。

当时的宇宙常数有两种。一种是爱因斯坦提出的将真空的能量设为 $\Omega_\wedge$，物质设为 Ω_m。用 $\Omega_\wedge + \Omega_m = 1$（100%）表示能量与物质在宇宙中所占的比例。举例来说，就是如果宇宙只由物质构成的话，就是 $\Omega_\wedge = 0$、$\Omega_m = 1$。

实际上 $\Omega_\wedge$，Ω_m 的值是由测量结果得出的，分别是 $\Omega_\wedge = 0.74$、$\Omega_m = 0.26$。从这个数值可以看出，宇宙的一大半都是真空能量。这个真空能量就是暗能量。

此外，星系的运动证明了暗物质的存在。前面提到 $\Omega_m = 0.26$ 这个数值，虽然表示的是宇宙的 26% 是物质，但这其中有 22% 都是暗物质。再加上暗能量，宇宙中竟然有 96% 都是不为人知的东西。

 通过宇宙模型认识到了宇宙膨胀、收缩的现象，从而发现了宇宙处于膨胀的状态中。

构成宇宙的成分

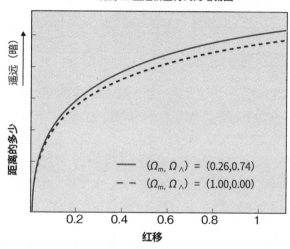

观测 Ia 型超新星得到的哈勃图

通远（暗）

距离的多少

$(\Omega_m, \Omega_\wedge) = (0.26, 0.74)$

$(\Omega_m, \Omega_\wedge) = (1.00, 0.00)$

0.2 0.4 0.6 0.8 1

红移

· 实线是按照 26% 的物质（Ω_m=0.26）和 74% 的暗能量（$\Omega_\wedge$=0.74）的设定计算出的曲线

· 虚线是按照 100% 的物质（Ω_m=1.00）和 0% 的暗能量（$\Omega_\wedge$=0.00）的设定计算出的曲线

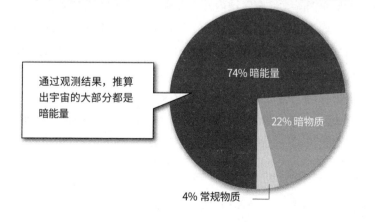

通过观测结果，推算出宇宙的大部分都是暗能量

74% 暗能量

22% 暗物质

4% 常规物质

宇宙大尺度结构

微观的波动形成宏观的构造

宇宙早期的量子波动，形成了当前宇宙的大尺度结构。微观与宏观直接联系了起来。

暗物质的性质

暗物质被认为是一种几乎不会产生相互碰撞的新型粒子。这个观点来自于星系碰撞后观测到的暗物质分布状态。

钱德拉天文卫星被用于观测小型星系与大型星系碰撞后产生的气体的分布状态。然而暗物质是无法被直接观测到的，只能通过引力透镜效应从气体的分布状况分析出来。比较两种分布状况，可以看出两个星系团的气体在碰撞下被撕裂，但其各自的暗物质却像幽灵一样相互透过而不受对方影响。

宇宙的各向异性

近年来随着深空观测的不断增加，宇宙的各向异性逐渐明朗起来。宇宙中的星系成泡状分布状态，被泡状星系团所包围的区域叫作宇宙空洞（超空洞），这个区域内几乎没有星系存在。这被叫作**宇宙大尺度结构**。如果要满足出现这样一个结构的条件，就必须假设一个宇宙早期的量子波动。这个理论认为物质存在以前，也就是宇宙大爆炸以前是存在暴胀现象的。

借由探测器性能的不断提升，人们可以测定出宇宙背景辐射 10 万分之 1 的波动。暗物质通过这个波动显现出来，可见物质在其引力作用下聚集起来，形成现在的大尺度结构。

 一个名为斯隆数字巡天系统（SDSS）的项目在 2000 年被启动了。该项目用于观测和收集天体的光谱资料。

星系团的碰撞

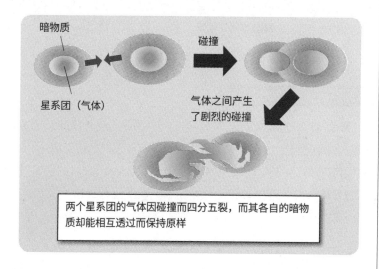

两个星系团的气体因碰撞而四分五裂，而其各自的暗物质却能相互透过而保持原样

大尺度结构的形成

十万分之一的波动

宇宙早期的能量波动可以反映出暗物质，并逐渐形成了大尺度结构

常规物质也会受到暗物质的重力作用，让目视可见的星系也变成相同的构造

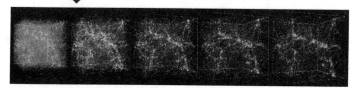

Andrey Kravtsov（芝加哥大学）与 Anatoly Klypin（新墨西哥州立大学）在美国国家超级计算机应用研究中心制作了这个大尺度结构模型，图像化工作是由 Andrey Kravtsov 所完成的

重现早期宇宙的实验

2007 年建成的大型强子对撞机（LHC）被用于验证宇宙的早期到底发生了什么。

大型强子对撞机（LHC）

修建于地下隧道中的大型强子对撞机（Large Hadron Collider，LHC）位于瑞士日内瓦郊外，属于欧洲核子研究中心（CERN）。多个国家出资完成建造了这座对撞机。大型强子对撞机被布置在一个长约 27 km 的隧道中，有超过 1700 块超导磁铁对粒子进行加速，可以进行前所未有的高能量实验。

验证超重力理论

通常人们认为，宇宙在经过宇宙大爆炸、膨胀的过程后，形成了如今的宇宙。用于说明从宇宙大爆炸开始到现在的宇宙进化过程的预测数据，与实际的观测结果是一致的，这让宇宙大爆炸之后的宇宙历史得以证实。

但是宇宙的暴胀到底是一种什么现象，至今都无法解释。为了说明宇宙暴胀现象，人们提出了各种各样的模型。其中新暴胀模型、混沌暴胀模型、混合暴胀模型是比较有代表性的几种。

广义相对论是在超对称化的超重力理论框架中对宇宙暴胀进行讨论的，这个理论说明了宇宙的历史随着时间的发展是在不断变化的。通过大型强子对撞机的实验，人们可以判断出哪种理论对宇宙的描述更正确。另外这个设备还能制造迷你黑洞，以试图解开时空性质之谜。

 欧洲核子研究中心（CERN）主张研究资料共享，是万维网（World Wide Web，WWW）起点。

大型强子对撞机(Large Hadron Collider, LHC)

欧洲核子研究中心与大型强子对撞机

对撞实验中使用的测量装置

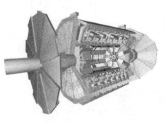

为了实现高能量实验，就需要建造规模十分巨大的设备

制造迷你黑洞的实验结果

当质子与质子在高能量状态下相互撞击时，就会产生一个迷你黑洞。左图是迷你黑洞在蒸发的时候（参考第96页）所放射出的粒子轨迹

对撞机能制造出黑洞吗？

　　大型强子对撞机（LHC）有制造出黑洞的可能，并准备围绕未知能量领域 10^{12}eV（TeV 领域）的粒子进行实验。

　　粒子标准模型是现在能够比较详细地解释粒子性质的理论。该理论的描述中，有强相互作用、弱相互作用和电磁相互作用 3 种基本作用。另外，引力相互作用对于粒子的作用微乎其微，在这个理论下是可以忽略的。不过同时有个疑问，就是为什么只有引力相互作用才会被忽略不计呢？

　　为了解答这个问题，就要对额外维度进行研究。有理论认为时空由四维和一个更高的维度（额外维度）构成。在这种情况下靠强相互作用、弱相互作用和电磁相互作用是无法构成四维时空的，但只有引力能扩散到四维度以外的额外维度中，这也就是为什么在四维时空中观测到的引力与其他几种作用关系相比就很微弱了。然而在更高的维度中，引力产生的作用应该比目前人们所认识到的程度更强。

　　人们只能感受到四维时空中的事物，而额外维度则被认为是一种隐藏的小型化的存在。假设在对撞机中让质子相互撞击而产生能量，如果这个能量扩散到额外维度中，就有可能在这个更高的维度中由引力影响而产生出迷你黑洞。产生出的迷你黑洞会因为霍金辐射的影响而蒸发（参考第 96 页）。这时就应该能观测到黑洞蒸发时所释放出的大量粒子。然后由于额外维度中的一部分能量会溢出，相比发生反应前，反应后的能量总和会变小。这就是迷你黑洞的现象。

第 **5** 章 粒子标准模型

探究微观世界

粒子标准模型 / 强子 / 相互作用力 / 反粒子 / 强相互作用力 / 超子 / 弱相互作用力 / 未发现的粒子 /CPT 对称性 / 对称性破缺

粒子的基础概念

粒子标准模型，是用于描述粒子性质的理论。该理论将各种各样的现象进行了统一的说明解释。

粒子的两面性

粒子的存在，就像是在一个玻璃球似的空间中几个特定位置中的点一样。不过微观世界的波动是有概率性的，这就出现了粒子性与波动性的**两面性**。**粒子**就拥有这种两面性。

将物质、作用力、粒子综合成理论，就做出了**粒子标准模型**。虽然从前人们认为物质被分割到原子级别就不能继续分割了，但现在认为传导到空间中的作用力也是一种粒子，这就是基于量子理论中量子能量的概念。类似作用力带有粒子性的现象被叫作**作用力的量子化现象**。

粒子的分类

粒子大致分成两类，分别是构成物质的粒子，以及成为作用力媒介的粒子。原子核、中子等构成物质的粒子分为无法单独存在的**夸克**，以及电子等**轻子**，这些构成物质的粒子又分为3代，从第1代到第3代，随着**代差**的增加，粒子的质量也会增加，但是只有第3代是不存在的，这个现象至今都是个谜。①

宇宙中存在着强作用力、电磁作用力、弱作用力、引力这4种力（参考第136页）。以这些力为媒介的粒子会因为力的不同而各有不同。这些力会在夸克和轻子之间相互作用。只不过引力非常微小，在粒子标准模型中就忽略不计了。

 粒子标准模型是通过收集20世纪60年代开始运行的大型加速器所产生的数据，经过20年而制作出来的理论体系。

---

① 第3代夸克-顶夸克于1995年被找到。——译者注

粒子的种类

物质粒子

	电荷	第 1 代	第 2 代	第 3 代
夸克	$\frac{2}{3}e$	上夸克 u	粲夸克 c	顶夸克 t
	$-\frac{1}{3}e$	下夸克 d	奇夸克 s	底夸克 b
轻子	$-e$	电子 e	μ 子 μ	τ 子 τ
	0	电子中微子 ν_e	μ 子中微子 ν_μ	τ 子中微子 ν_τ

以作用力为媒介的粒子

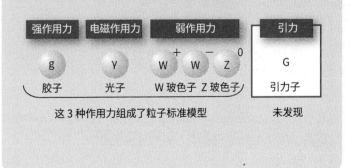

强作用力 g 胶子

电磁作用力 γ 光子

弱作用力 W$^+$ W$^-$ Z^0 W 玻色子 Z 玻色子

引力 G 引力子

这 3 种作用力组成了粒子标准模型

未发现

夸克构成的强子

一般情况下，夸克无法单独存在，多个夸克组合在一起的粒子合称强子。

重子与介子

夸克组成的粒子叫**强子**。在强子中，由 3 个夸克组成的分类为**重子**，由 2 个夸克组成的分类为**介子**。构成原子核的质子和中子是由 3 个夸克组成的，所以属于重子分类。上夸克用 u 表示，下夸克用 d 表示，所以质子就写作 uud，其包含了 $+\frac{2}{3}+\frac{2}{3}-\frac{1}{3}=+1$ 的电荷。中子写成 udd，由 $+\frac{2}{3}-\frac{1}{3}-\frac{1}{3}=0$ 的电荷组成。同样的，Λ 粒子、Σ 粒子、Ξ 属于重子。

日本物理学家汤川秀树在核力的理论基础上预言了 π 介子。其他的介子还有 K 介子和 B 介子等。

色与味

夸克拥有红（R）、绿（G）、蓝（B）3 种颜色，这被称为**色荷**。色荷不是实际的颜色，只是理论上的描述。根据这个描述对强相互作用力进行说明的理论就是**量子色动力学**。夸克无法单独存在的说法，就是从这个理论中得出的。另外将色结合以后，就会变成如白色一般的强相互作用力。

重子的描述是 3 个夸克中的红 + 绿 + 蓝 = 白，而轻子是红 + 反红 = 白。

夸克按照上、下等分成 6 类。这个属性被叫作**味**，在理论上与色的表现相同。粒子的种类的改变，被叫作味的改变。

 盖尔曼从乔伊斯的小说《芬妮根守灵夜》的"鸟儿发出 3 声夸克的叫声"一段中获得灵感，将这种粒子命名为夸克。

强子与量子色动力学

色荷的种类

R: 红
G: 绿
B: 蓝

R̄: 反红
Ḡ: 反绿
B̄: 反蓝

强子

重子

介子

夸克的构成就像红绿蓝混合成白色原理是一样的

夸克无法单独存在

如同橡皮筋一般的强力

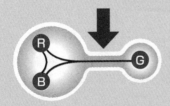

如果强行将一个夸克取出的话

GḠ 发生对生成，形成了新的介子

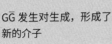

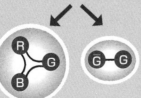

在弦的引力影响下，能量会提高，与夸克发生对产生

135

宇宙中的 4 种相互作用力

宇宙中有 4 种相互作用力，根据天体规模的不同，起主要作用的力也会发生变化。

生活中可以感受到的两种相互作用力

引力：引力是 4 种相互作用力中最微弱的一种。但由于其只有引力而没有斥力，如果加上质量的话，就能获得巨大的引力。相互作用力的作用距离是无限的。像月球这样的天体，就是被地球的引力所控制的。

电磁相互作用力：电磁相互作用力与引力都是人们自古就知道的。其影响距离也和引力一样是无限远的。但大多数情况下，由于原子内部的正负抵消，使得其影响范围比较小。化学反应就是电磁相互作用力让元素之间的电子互相交换所产生的。

规模小却很重要的两种相互作用力

强相互作用力：强相互作用力所带有的色荷为红、绿、蓝 3 种。这种力只在夸克之间作用，在其作用下原子、中子、原子核才能稳定存在。强相互作用力只能对 10^{-15}m 的范围产生影响，虽然这个作用范围很小，却是 4 种相互作用力中，相互作用最强的。

弱相互作用力：弱相互作用力可以改变粒子的种类，这种现象叫作"粒子衰变"。弱相互作用力的影响范围非常小，只有 10^{-18}m 左右。例如，β 衰变是由弱相互作用力引起的，这时中子会转变为质子。

 人们自古以来就知道引力和电磁相互作用力的存在。但直到 20 世纪才发现强相互作用力和弱相互作用力，这对当时的科学界是个不小的震动。

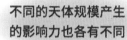
宇宙中的 4 种相互作用力

不同的天体规模产生
的影响力也各有不同

银河系

引力

10^{21}m

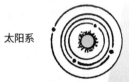
太阳系

10^{15}m

地球

10^7m

电磁力相
互作用力

10^0m=1m

人体

细胞

10^{-5}m

原子

10^{-10}m

强相互作用力
弱相互作用力

原子核

10^{-15}m

量子理论与相对论结合后的推论

狄拉克预言了反粒子的存在。他认为从方程式中导出的负能量就代表了反粒子。

狄拉克方程式

如果要研究以接近光速的速度运动着的高能量粒子，就必须在狭义相对论的基础上进行讨论了。于是狄拉克将薛定谔方程式与狭义相对论结合起来开始了研究。

狄拉克方程式成功地对电磁场中运动着的电子进行了说明。可如果解开狄拉克方程式，有时会得出粒子带负能量的结果。这个在物理层面上不存在的负能量让狄拉克十分头疼。

于是就有了这种设想，也许存在一种质量与普通粒子相同，但电荷为负的**反粒子**。

反粒子

美国物理学家安德森发现宇宙射线中，有电子带有正电荷，这就是**正电子**。除了正电子以外，还有反质子（质子的反粒子状态）等反粒子存在。普通的粒子都存在相对的反粒子，反粒子的电荷与粒子大小相同，符号相反。

在真空中释放高能量后，粒子与反粒子就会产生成对产生现象。而粒子与反粒子碰撞后，其质量会全部转化为能量，然后两者会一同湮灭。也就是说，通常情况下，物质世界中即使有反粒子，也会立刻与粒子产生反应并湮灭。神秘的反物质在宇宙中几乎难以找到，这也是量子理论与宇宙学以后要联合研究的课题。

 中子虽然没有电荷，但构成中子的夸克却带有电荷，所以从反夸克的存在可以推论出也有反中子的存在。

狄拉克方程式

薛定谔方程式		狭义相对论
用来描述电子等物质微观世界		用于描述运动速度接近光速的物体

狄拉克方程式

可以描述高能粒子的运动。同时推论出粒子的对产生现象

关于负能量的描述

负能量的答案是反粒子

粒子　　　　　　　　　　　　反粒子

反粒子的电荷与粒子大小相同，符号相反

强相互作用力让太阳发光

很长一段时间里，人们都搞不明白太阳是如何发出耀眼的光芒的。直到 20 世纪 30 年代，人们才明白太阳的能量源自何处。

核子的结合能

太阳的光辉到底源自何处，在很长一段时间里都是不为人所知的。直到 20 世纪 30 年代，人们才明白太阳的能量源自何处。通过爱因斯坦的相对论，得出质量与能量是相当的，也就是质能方程式（$E=mc^2$）。利用这个方程式，证明了核子之间有核力（强相互作用力）的存在。

原子核是由质子和中子结合出来的。核子结合的强弱叫作**结合能**。可以理解成从原子核中释放出一个核子所需要的能量。

核聚变引起质量减少

这里要讲一下宏观世界与微观世界的不同。宏观世界中，如果我们在秤上放 4 个玻璃球，然后用量出的质量值除以 4，就能得出单个玻璃球的质量。

可是这个思路不能用在原子核上。由于核力产生结合能，是将 4 个氢原子转换为 1 个氦原子，而产生结合能所相应减少的质量只是这 1 个氦原子的部分。也就是说，减少的部分就是氦原子中 1 个核子的量。这个过程就是**核聚变反应**，其释放的能量就是太阳光辉的来源。

 物理学家贝特通过研究判明了太阳的能量源自何处，因此在 1967 年获得了诺贝尔物理学奖。

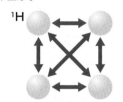

强相互作用力引起的核聚变反应

4 个氢原子

^1H

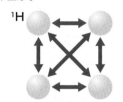

太阳中心的高压使电磁相互作用力提高，氢气被压缩到可以产生核力的程度

一般情况下，氢原子在电磁相互作用力的影响下，是不会相互靠近的

质子		正电子
中子	○	电子中微子

为了保持电荷的存在，正电子被释放出来

^2H + ● + ○ + 能量

这部分能量是由两个氢原子结合后减少的质量所产生的

+

^3He + 能量

^3He + 从 ^3He 变为稳定的 ^4He

^4He

氦原子 + ● + ● + 能量

超子

奇异的原子核

超子所含的原子核叫作超核。研究超子，需要结合原子核构造及中子星的知识。

超核

　　一般情况下，构成核子的质子、中子等由上夸克与下夸克组成。与之相对，还会有包含奇夸克及上夸克、下夸克组成的**核子**。这些被叫作**超子**或**奇异原子**。

　　通常情况下，原子核内不存在的超子，会因为其他的粒子进入原子核，而产生与普通原子核所不同的表现。含有超子的原子核被称为**超核**或**奇异原子核**。对超核的研究，让人们对原子核构造有了更为广泛的理解。

中子星与超子

　　对超核的研究还有助于解析中子星内部的构造。中子星被认为是一个半径 10km 左右的巨大原子核。其密度比普通原子核高出数倍，在整个宇宙范围内也是十分罕见的特殊天体。在中子星内部的高压能量影响下，可能会产生出 Λ 粒子、Σ 粒子等超子。但超子的性质还有很多不明点，在何种程度的压力、密度下才会开始生成超子，至今都无法判明。根据超子的性质，中子星内部产生的 Λ 粒子、Σ 粒子的比例是不同的，这影响到中子星整个的运动状态。

　　量子领域的研究，可以让人们逐步判明天体的本质。

 用奇异、奇特等词语来形容一些粒子时，就知道这些都是非常规的粒子了。

夸克的种类

符号（名称）	质量	量子数
u 上夸克	$1.5 \sim 4.5 MeV/c^2$	—
d 下夸克	$5 \sim 8.5 MeV/c^2$	—
s 奇夸克	$80 \sim 155 MeV/c^2$	奇数 =-1
c 粲夸克	$1.0 \sim 1.4 GeV/c^2$	粲数 =1
b 底夸克	$4.0 \sim 4.4 GeV/c^2$	底数 =-1
t 顶夸克	$174.3 GeV/c^2$	顶数 =1

质量相对较轻（u 上夸克、d 下夸克、s 奇夸克）

※MeV/c²、GeV/c² 是质量单位，GeV/c² 比前者大 1000 倍

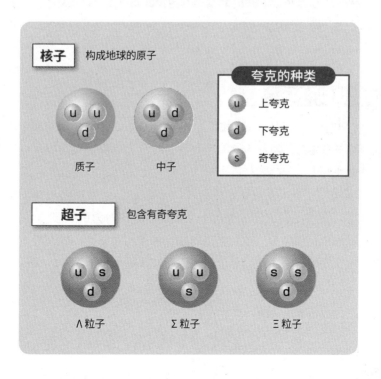

核子 构成地球的原子

质子（u u d）　中子（u d d）

夸克的种类
- u 上夸克
- d 下夸克
- s 奇夸克

超子 包含有奇夸克

Λ 粒子（u s d）　Σ 粒子（u u s）　Ξ 粒子（s s d）

打破能量守恒定律？

β 衰变释放出的电子动能并不稳定，所以有论调认为这种现象打破了能量守恒定律。

β 衰变与能量守恒定律的危机

原子核中释放出来的射线有 3 种。

α 射线是高速运动的氦原子核（4He），其电荷是 +2 e 。在引起 **α 衰变**的元素的影响下，α 射线的动能是稳定的。**β 射线**是电子流，其电荷为 – e 。然后 γ 射线就是高能量的电磁波，其电荷为 0。

在 3 种射线中，只有 **β 衰变**所释放出的 β 射线带有不稳定的动能。也就是说，观测到的 β 衰变产生的电子动能的结果是有变化的。对比衰变前和衰变后的结果，用能量守恒定律就无法解释了。

假设出的中微子

1930 年，泡利为了证明能量守恒定律，假设了一个新的粒子。这是一种不带电荷，质量为 0 的十分微小的粒子。β 衰变的时候，这种粒子会随着电子一起被释放出来。人们将这种粒子称为中微子。

1934 年，费米在量子理论的基础上提出了 β 衰变理论。根据这个理论，人们明白了是一种比电磁力还要微弱的力引起了 β 衰变。这就是**弱相互作用力**，这种力所影响到的范围可以达到微观规模。综上所述，我们是无法在日常生活中感受到这种力的存在的。

 奥地利物理学家泡利是第一个通过假设新粒子来解决复杂的理论难题的科学家。

射线的种类

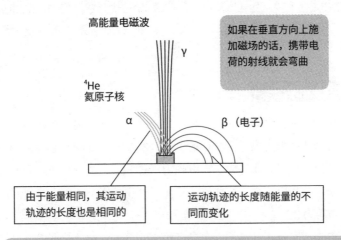

高能量电磁波

γ

^{4}He
氦原子核

α

β（电子）

如果在垂直方向上施加磁场的话，携带电荷的射线就会弯曲

由于能量相同，其运动轨迹的长度也是相同的

运动轨迹的长度随能量的不同而变化

β衰变

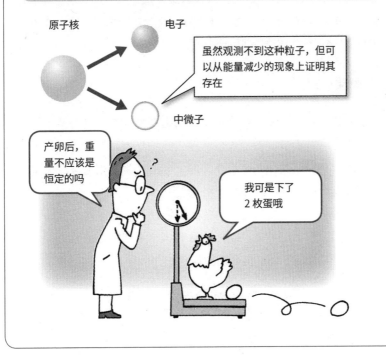

原子核

电子

中微子

虽然观测不到这种粒子，但可以从能量减少的现象上证明其存在

产卵后，重量不应该是恒定的吗

我可是下了2枚蛋哦

145

传递引力的引力子

有些粒子的存在虽然能用理论推论出来，但目前还无法实际观测到。
能够传递引力的引力子就属于这种情况。

传递力量的粒子

在粒子标准模型的描述中，粒子是以强相互作用力、电磁力、弱相互作用力这3种力为媒介而存在的。通过实验，也证明了这些粒子确实存在。强相互作用力通过胶子、电磁力通过光子、弱相互作用力通过弱玻色子来传递相应的力。这些粒子在相互作用的影响下，在物质间产生出相互作用力。

宇宙中存在有4种基本力（参考第136页）。粒子标准模型已经对上面提到的3种力进行了说明，所以有研究认为引力也应该与其他几种基本力一样，也有一种相应的粒子存在，这就是**引力子**（重力子）。不过这种粒子至今都没有被实际观测到。

引力波

爱因斯坦基于广义相对论预言了引力波的存在。**引力波**是指时空中弯曲的涟漪，通过波的形式以光速传播的现象。有种观点认为，当中子星或黑洞变成类似双星的状态时，才会产生出引力波。只不过目前还没有成功观测到引力波的案例。[1]

根据量子理论，光或电子等都具有波动性和粒子性的两面性。而在引力方面，如果对于其波动性进行观测，那么得到的就应该是引力波；如果关注其粒子性，得到的就应该是引力子。

 引力子是将引力量子化的量子引力理论所提出的概念。由于这个理论尚未完成，所以引力子这个名字也只是临时的命名。

---

[1] 2016年9月美国的LIGO实验第一次探测到引力波。——译者注

引力子

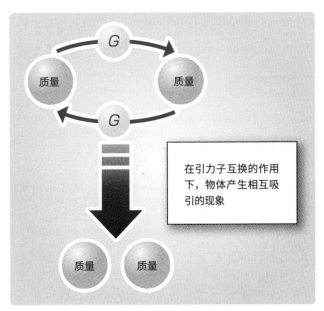

在引力子互换的作用下，物体产生相互吸引的现象

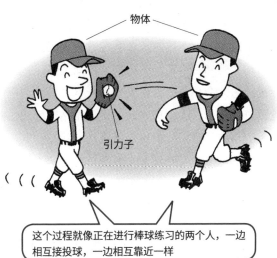

物体

引力子

这个过程就像正在进行棒球练习的两个人，一边相互接投球，一边相互靠近一样

147

未发现的粒子①2

产生质量的希格斯粒子

粒子标准模型中还有一种叫作希格斯粒子（又叫希格斯玻色子）的未发现粒子。

什么是希格斯粒子

物质为什么会有质量呢？虽然人们认为这不过是个理所当然的事情，但粒子标准模型还是对其进行了解释。

1964 年，皮特·希格斯提出了粒子是如何获得质量的理论。于是粒子获得质量的原理，就用他本人的名字来命名了，被叫作**希格斯机制**。希格斯机制还需要一个特殊的概念，这个概念是**希格斯场**。一种声音认为，虽然希格斯场是产生**希格斯粒子**的重要条件，但通常的条件下是不会出现的。这也是为什么这个粒子至今都不曾被人观测到。

产生质量的原理

即便是在不存在一切粒子的真空中，希格斯粒子也不是完全为零，这种状态下的希格斯粒子只不过是被埋藏在希格斯场里罢了。此时的希格斯粒子的运动会受到希格斯场的阻挠，从而变慢。这就好比人在水池中走动，水的阻力会导致行走速度变慢一样。早期宇宙中，所有的粒子都以光速进行运动，当宇宙降温、出现希格斯场后，粒子就变成了如今这种不能动的状态了。而这个不能动的状态，就是人们所说的"质量"，然后就可以被观测到了。但是只有光子不受希格斯场的影响，而继续以光速进行运动。

 很多科学家认为，通过大型强子对撞机的实验，就应该可以确认希格斯粒子的存在。

---

① 2012 年 7 月欧洲核子中心在大型对撞机实验上发现了希格斯粒子，质量约为 125GeV。——译者注

希格斯机制

早期宇宙

夸克
q →

轻子
l →

光子
γ →

在早期宇宙中，所有的粒子都以光速进行运动，连夸克都是独立存在的

宇宙降温后

真空

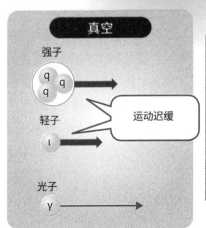

强子

轻子

光子
γ →

运动迟缓

在当前的宇宙中，希格斯粒子像雾一样弥漫在真空中，其他粒子的运动会受到其阻碍而变慢，只有光子不受希格斯粒子影响。另外，带有色荷的夸克由于无法独立存在，而结合在一起

物理定律所带有的对称性

当发生电荷共轭变换 (C)、宇称变换 (P)、时间反演 (T) 时，物理定律是不变的。

空间与电荷的变换

如果把世界做一个左右的镜像变换，这个现象就被叫作**宇称**（P 对称）。举例来说，如果从镜子里观看棒球比赛的电视直播，那么比赛里的所有事物都跟电视里的相反。但这并不会改变这些事物的物理定律。棒球依然会遵循力学定律来运动。

反粒子是只互换了电荷的粒子，用 Charge 的首字母 C 表示。所有的粒子都存在电荷相反，但质量、性质相同的反粒子。如果世界上所有的物质都变成了反物质，我们也不会察觉，其物理定律不会发生任何改变。这就是**电荷共轭变换对称**（C 对称）。

时间反演与 CPT 变换

所谓时间反演，就是指时间倒流。当然，人们是不可能进行时间旅行的。假设用摄像机拍摄摆动中的摆锤，这时假设摆锤在运动中不会受到阻力，也就是说，摄像过程中摆锤的摇摆幅度不会变化的话，在倒放拍摄到的影片时，可以看到摆锤的摇摆与正放时没有区别，这说明其物理定律没有改变。这个现象叫作**时间对称**（T 对称）。严格来讲，这不符合 CP 对称的特性，人们通过实验已经看到了这点。只不过对于时空间的 CPT 转换，理论上还是可以证明物理定律不会改变，这种现象就是 **CPT 对称**。

 对称现象会出现在各种各样的地方。比如，燃放礼花时出现的圆形图案，这是因为礼花弹的球体产生了球对称造成的。

CPT 对称性

P 对称　　即使左右反转，棒球的力学运动定律也不会改变

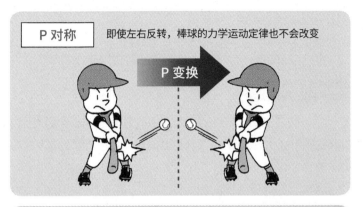

C 对称　　电荷改变，粒子变为反粒子，但物理定律不会变

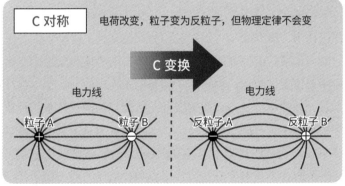

T 对称　　假设时间倒流，物理定律也不会改变

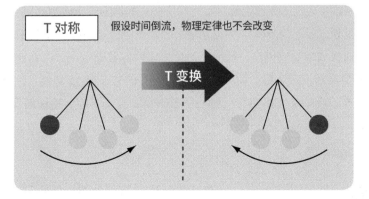

对称性破缺

对称性破缺会在宇宙中留下物质

宇称不守恒的发现是物理学史上的一个里程碑。

什么是宇称不守恒

1957 年，科学家发现一直以来被人们认为宇称的物理定律不会变的概念，在实验中被 β 衰变所打破。也就是说，物理定律是有严格的左右区分的 。这个发现对于物理学史有着里程碑一般的意义。

宇宙变成今天这样，还是对称性被打破的功劳

普遍认为，当今的宇宙是从最初的暴胀开始，经过宇宙大爆炸后产生物质而形成的。大爆炸同时产生了等量的物质和反物质，但如今的宇宙中只留下了物质。由反质子和正电子构成的天体至今都没有被观测到过，即使调查宇宙射线的成分，所能找到的也几乎都是质子。虽然宇宙射线中也有微量的反质子，但这被认为是宇宙中高能量反应下质子与反质子成对生成出时，只有反质子的部分飞向了地球。

为了解释这个只有物质的宇宙，就需要从反物质衰变殆尽的方面进行考虑。这就意味着物质与反物质所建立起的物理定律遭到了否定。也就是说，粒子与反粒子所建立起来的物理定律相同的 C 对称被打破了。而且如果没有电荷，那中子与反中子就不会有差别，这就导致人们需要重新认识宇称。简单来说就是所有的粒子在 C 变换、P 变换后变成的反粒子，都会与其原始状态的粒子有所不同。这被叫作 **CP 破缺**。

 2008 年，南部阳一郎、小林诚、益川敏英 3 名日本科学家的 "对称性破缺" 科研项目获得了诺贝尔物理学奖。

β 衰变造成的对称性破缺

钴原子核的 β 衰变

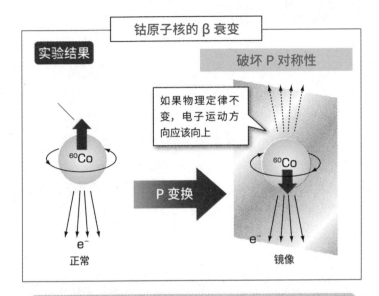

实验结果　　　　　　　　　破坏 P 对称性

如果物理定律不变，电子运动方向应该向上

^{60}Co

P 变换

^{60}Co

e^-

e^-

正常　　　　　　　　　　镜像

即使在镜像以后，原子核的旋转变成相反的状态，由 β 衰变引起的电子运动方向也应该与 P 转换前相同。这说明，正常世界与镜像世界中的物理定律是有区别的

这镜子根本说不对嘛

世上最美丽的是白雪公主

专栏 5

粒子探究之旅

我们身边存在有各种各样的元素。元素构成了分子、蛋白质等，表现出各种不同的性质。令人惊讶的是，这些不同性质的元素，全都是由质子、中子和电子这3种粒子所构成的。

质子和中子都属于强相互作用力的强子类粒子。实际上万物之本的超弦理论，原本是为了叙述强子而提出的。强子弦理论假设质子为基本粒子，不过用电子撞击质子后发现质子内部存在有坚硬的粒子，这个现象不符合描述强子的理论。这个坚硬的粒子就是后来的夸克。到后来，弦理论被用来描述引力，而不是强子。

目前夸克被认为是基本粒子。质子和中子都是从上夸克和下夸克中产生的。这说明，我们身边物质都是由两个夸克和电子所构成的。而且发现轻子与这些粒子的性质相同，不同之处仅有质量上的。而质量则是区分粒子的一个重要特征。但是人们还没搞懂为什么这些粒子性质相同，质量却不同。

要解答上面的问题，就需要和超弦理论并驾齐驱的M理论了。该理论认为，性质相同、质量不同的粒子，是因为有不同的膜将其隔开所致。不同的膜有不同的存在距离，所以M理论认为可能是距离的不同影响了质量上的不同。

第6章 宇宙的历史

追溯宇宙大爆炸开始的宇宙史

宇宙的进化

从 "无" 开始的 137 亿年的宇宙史

根据最新的观测结果，宇宙从无开始，经过暴胀、宇宙大爆炸后，存在了 137 亿年，直至今天。

宇宙诞生后的 0.1s 内

根据量子效应，现在的宇宙是从 "无" 开始的，接着时空以光速的速度进行暴胀，随后宇宙大爆炸将能量转换为粒子，然后就诞生了超高温、超高密度的原初宇宙。

在宇宙从无诞生时只有 1 个基本力。最初的一次相变是跟暴胀一起发生的，这时产生出了引力。第 2 次相变时出现了色力（强相互作用力），产生出夸克、轻子等。研究认为这之后的约 10^{-10}s 为止，物质与反物质的存在量是相等的。然后发生了第 3 次相变，反物质与物质的对称性被破坏，反物质消失，宇宙中只留下了物质。又过了 10^{-4}s 后，夸克与胶子紧密结合，将质子、中子、介子等强子类的粒子封闭起来。这个过程叫作**夸克 - 强子相变**。在宇宙诞生后的 0.1s 内，基本力从 1 个变成了 4 个。

宇宙的进化

宇宙大爆炸后的 100s 后，质子与中子结合，形成氦等轻元素。随后经过大约 38 万年，原子核与电子结合，宇宙呈现出中性性质，光得以直线运动。这个时期被称作**宇宙放晴**。又过了数亿年，宇宙中出现了第 1 颗恒星。到 8 亿年的时候星系出现，宇宙大尺度结构开始成型，直至今日。

 相变是指物质在固体、液体、气体之间相互变化状态的现象。宇宙状态的变化也是相变。

156

基本力的相变

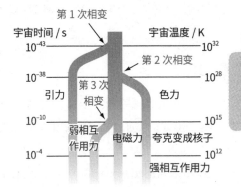

第1次相变

宇宙时间 / s

10^{-43} ———————— 10^{32} 宇宙温度 / K

第2次相变

10^{-38} ———————— 10^{28}

引力　第3次相变　　色力

10^{-10} ———————— 10^{15}

弱相互作用力　电磁力　夸克变成核子

10^{-4} ———————— 10^{12}

强相互作用力

经过时间的推移，宇宙从最初的1个基础力变成了4个基础力

宇宙的进化

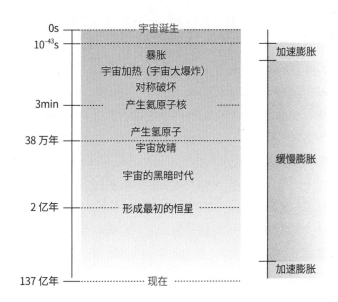

0s ———— 宇宙诞生

10^{-43}s ————————————— 加速膨胀

暴胀
宇宙加热（宇宙大爆炸）
对称破坏

3min ———— 产生氦原子核

产生氢原子

38万年 ———— 宇宙放晴

宇宙的黑暗时代　　缓慢膨胀

2亿年 ———— 形成最初的恒星

137亿年 ———— 现在　　加速膨胀

根据宇宙史绘制的宇宙图

根据时间轴和空间轴构成的宇宙史可以描绘出宇宙图。这幅图中水滴形的表面就是我们所能看到的宇宙。

人们只能观测到宇宙的过去

通过观测得知光的速度约为 3×10^8m/s。举例来说，人们看到的面前 3m 距离位置的景象，其实是 10ns（10^{-9}s）以前的景象。所以当人们对遥远的深空进行观测时，所观测到的结果其实都是过去的景象。如果观测的星系距离地球有 10 亿光年，那么所观测的结果也是 10 亿年前就出现的景象。

观测到的水滴形

宇宙图中，纵轴为时间，横轴是空间上的距离，现在的地球就位于水滴形顶端的位置。这并非是把地球摆放在一个特殊的位置上，而是以地球为基点对宇宙进行观测的结果。

人们观测到光线范围只能达到宇宙图中水滴形的表面部分。也就是说，这个表面位置的天体所发射的光线能够到达现在的地球。从地球观测到的遥远天体的距离与时间是成比例的，这让时间轴和空间轴在宇宙图上形成了圆锥形。

宇宙图中，位于水滴形内侧天体所发射的光线早已达到地球，也就无法看到了。比如，地区正下方的轴是地球本身在过去所处的位置，而地球的过去是肯定无法被观测到的。位于水滴形外侧的天体所发射的光线目前还没有到达地球，所以暂时无法观测到。当然未来应该是可以观测到的。

关于宇宙图

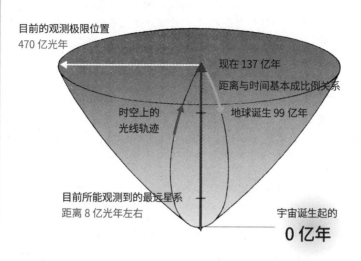

目前的观测极限位置
470 亿光年

现在 137 亿年

距离与时间基本成比例关系

时空上的
光线轨迹

地球诞生 99 亿年

目前所能观测到的最远星系
距离 8 亿光年左右

宇宙诞生起的
0 亿年

水滴形的底部

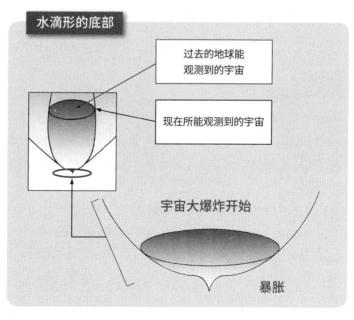

过去的地球能
观测到的宇宙

现在所能观测到的宇宙

宇宙大爆炸开始

暴胀

宇宙的膨胀正在加速

近年来的研究证明了暗能量的存在，而作为斥力的暗能量正是宇宙膨胀的原因所在。

什么是暗能量

所谓**暗能量**，指的是与拥有引力能的引力相反的，带有斥力的能量，用宇宙常数 Ω_Λ 来表示。这个概念是爱因斯坦提出的，不过后来又被他自己撤回了。

通过观测，人们认为宇宙常数 Ω_Λ 还是有存在的可能性的。从理论上讲，早期宇宙的膨胀速度比现在快，然后在引力的影响下，膨胀速度慢慢降低，直至目前的状态。假设宇宙中没有带有宇宙常数 Ω_Λ 的物质，那么观测到的宇宙年龄会更小，这就有些矛盾了。如果有宇宙常数 Ω_Λ 的存在，质量就会在斥力的作用下，延缓宇宙膨胀速度的减弱。这样一来，相比宇宙常数不存在的情况，目前的宇宙年龄更长。

发现宇宙的加速膨胀

在观测 Ia 型超新星爆炸后，得到了宇宙的膨胀速度。假设 $\Omega_\Lambda=0$，Ia 型超新星的可见亮度就会与假设的 $\Omega_\Lambda=0$ 一样变暗。这意味着宇宙膨胀的幅度比预想的还要大，也就表示拥有斥力的暗能量是实际存在的。

而且这个增加宇宙膨胀速度的暗能量的存量十分巨大。大约从 50 亿年前，宇宙从减速膨胀的状态转变到加速膨胀的状态。

 Ia 型超新星爆炸的最大光度是固定的，这个光度可以跟一整个星系的亮度总和相媲美。

宇宙的加速膨胀与宇宙常数

从 Ω_Λ、Ω_m 的各种值中导出的宇宙景象

Ω_Λ：暗物质
Ω_m：物质

$\Omega_\Lambda + \Omega_m = 1$ 所描述的是平坦宇宙。根据各种观测结果，一般认为宇宙是平坦的

Ia 型超新星中可以得到 Ω_Λ 和 Ω_m 的范围

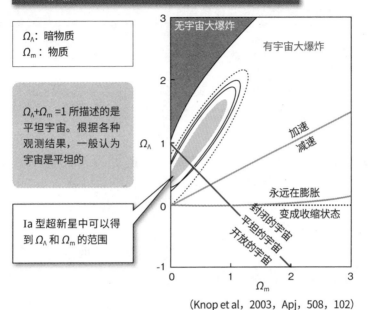

（Knop et al，2003，Apj，508，102）

从 Ω_Λ、Ω_m 的值预测出宇宙的进化

所谓尺度比例因子，就是设目前的宇宙大小为 1

现在的宇宙规模

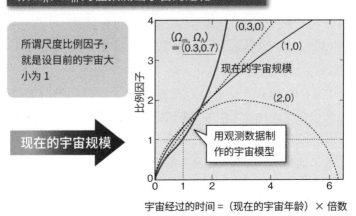

宇宙经过的时间 =（现在的宇宙年龄）× 倍数

星系的布局

宇宙大尺度结构

星系在宇宙中的分布并不均匀，有的地方很密集，有些地方则几乎没有星系分布。这就是宇宙大尺度结构。

发现宇宙大尺度结构

20世纪30年代的时候，人们就已经了解到了**宇宙大尺度结构**。但直到20世纪70年代后半时期，才明确了其全貌。

目前观测到的星系大多数不是单独存在的，一般都是多个星系或数千个星系聚集在一起的。按数量规模，可以分为**星系群**、**星系团**、**超星系团**这几个级别。所有这些天体合起来就是大尺度结构了。由于宇宙中存在的一个个巨大的空洞将各种星系团隔开，看起来就像泡泡一样，所以又叫作泡状结构。

早期宇宙和大尺度结构

如此大尺度的结构需要相当长的时间才会形成。形成天体、星系所需要的时间，和宇宙的年龄比起来就是非常短暂了，加之天体之间在相互引力的影响下，运动也是随机的，所以早期宇宙的信息基本不会留下多少。不过大尺度结构需要大约100亿年的时间才会形成，所以一些观点认为，现在应该还能找到一些早期宇宙的信息。据估测，大尺度结构的形成花掉了宇宙年龄的一大半时间。

当前人们观测到的大尺度构造，就相当于宇宙进化到现在为止的记忆。所以研究大尺度结构对于解析宇宙的进化过程有着十分重要的意义。从早期规模很小的宇宙，经过137亿年达到现在这种大尺度结构后，看似之间毫无关联性，但答案却是否定的。

 20世纪70年代后半时期，由于CCD照相机的发明，使天体照片的处理速度提高，才能够判明宇宙大尺度结构。

宇宙大尺度结构

SDSS 是至今为止人类最大
规模的宇宙地图制作项目

斯隆数字巡天
Sloan Digital Sky Survey（SDSS）

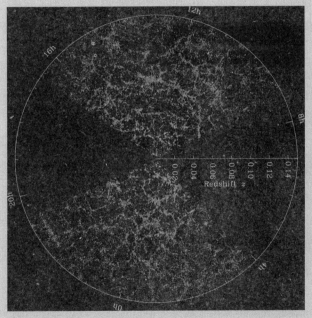

M.Blanton and the SDSS Collaboration, http://www.sdss.org

宇宙地图中一个个的白点代表星系，上图中大约显示了 100 亿个
星系。
宇宙大尺度结构是泡状的，这被认为是早期宇宙物质的微弱波动，
随着宇宙膨胀一起放大后的有力证据

星系的形成

星系是宇宙的基础单位

星系大约是由 1000 亿个天体集合而成的，人们对于星系是如何形成和发展的认识才刚刚开始。

星系的种类

哈勃在1926年的时候，根据星系的形状，将星系分为了椭圆星系（E）、透镜星系（S0）、涡旋星系（S）、棒旋星系（SB）、不规则星系（Irr）这几类。这个分类方法叫作**哈勃星系分类法**，目前这个分类法依然在使用，确定了众多星系的基本形态。

宇宙中星系之间相互碰撞的现象也并不少见，所以还会有不少形状歪斜的星系存在。

星系的诞生

天体、星系的进化过程没有捷径，都需要经过很长的时间来发展。在地球上，观测单个星系所能得到的信息比较有限。但是广阔的宇宙中，即使不是同一个星系，也会产生相同的现象。这样，只要观测多个星系中发生的相同现象，就能从地球上获得该现象的多角度下的信息了。

从观测到的各种距离上星系来看，即使是距离地球达到 100 亿光年的星系，其形态也与银河系没有太大区别。距离超过 100 亿光年的星系，由于实在太远，导致其亮度很低，能够被观测到的也就寥寥无几了。这导致星系产生的过程也难以被调查清楚。有观点认为，从宇宙诞生开始的数亿年后出现了原始星系，其大小只有现在星系的1/100。然后各种原始星系相互融合，最终形成了现在的星系。

星系是宇宙的基础单位，只要了解了星系的历史，也就应该能解析出宇宙的大部分历史了。

小知识 哈勃太空望远镜发现的距离地球 130 亿光年的星系，是迄今为止发现的距离最远的星系。

宇宙大尺度结构

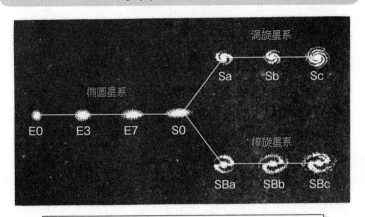

哈勃星系分类法制作的分类图被叫作"哈勃音叉图"

不同星系会融合成更大的星系

恒星的形成

宇宙中第一个点亮的恒星

宇宙中最早出现的恒星叫作第一代恒星。在宇宙学界中，关于第一代恒星的研究也总是最热门的话题之一。

什么是第一代恒星

第一代恒星指的是宇宙中最早出现的恒星。根据推算，宇宙中最早的恒星形成过程，是从宇宙早期的温度波动开始的。这是通过对宇宙背景辐射的观测所了解到的。温度的波动导致了物质密度的波动，暗物质开始向密度较高的地方聚集，然后在引力的作用下，使四周的气体不断聚集过来，最后形成了第一代恒星。这种恒星的质量大约是太阳的100~1000倍。随着物质的扩散，现在的宇宙中已经没有质量如此巨大的恒星了。

第一代恒星的终结

通常质量越大的恒星，其内部的核反应就越活跃，燃料消耗速度快，导致其寿命变短。如果质量达到第一代恒星那种程度的恒星，其寿命就只有数百万年左右了。

另外，第一代恒星也不会在寿命终结时产生超新星爆炸。这个时候恒星中心的核反应所释放出的能量过高，**电子－正电子对**产生，其自身已经无法支撑自己的引力，在引力塌缩的作用下产生了核爆炸。这就是**电子－正电子对产生型超新星爆炸**。

爆炸后留下的黑洞叫作中等质量黑洞，有观点认为这种黑洞应该被分类为**超大质量黑洞**的范围内。

 对于第一代恒星诞生前，宇宙年龄38万年到2亿年之间的时期被称作宇宙黑暗时代的说法，目前还没有定论。

第一代恒星

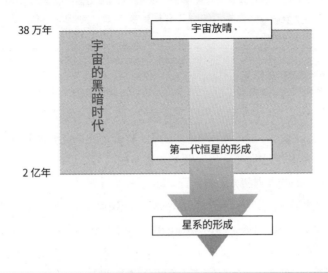

38 万年

宇宙放晴。

宇宙的黑暗时代

第一代恒星的形成

2 亿年

星系的形成

第一代恒星的一生

第一代恒星　　电子－正电子对产生型超新星爆炸　　中等质量黑洞

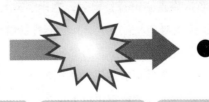

质量大约为太阳的100~1000倍。成分只有氢和氦

不同类型的超新星爆炸可以释放出重元素

比普通的黑洞大，又比超大质量黑洞小

宇宙放晴

38 万年后, 视线开朗的宇宙

宇宙诞生之后经过了 38 万年, 宇宙从等离子状态进入中性状态, 光才得以进行直线运动。

宇宙放晴的由来

太阳内部产生的光是无法被观测到的, 我们所能观测到的只有太阳表面的光。这是因为太阳内部处于**等离子状态**, 光在这种状态下只能散乱运动而无法直线前进。这就像乌云密布的时候, 厚厚的云层散射了阳光, 使人们难以判断太阳的位置一样。

早期的宇宙在高温、高压下的等离子状态中持续了 38 万年。当温度降到 3000K 左右的时候, 高速运动的电子才得以与原子核结合（中性）, 高速运动的电子减少, 使得光可以不受阻碍直线运动。于是宇宙就像阴转晴一样, 能见度一下就变好了。这就是**宇宙放晴**。

宇宙背景辐射

宇宙背景辐射是指宇宙放晴时, 随着宇宙膨胀一起被拉伸的光。1965 年, 人类首次发现宇宙背景辐射, 这让宇宙大爆炸理论得到了证实。之后通过各种观测, 人们还了解到宇宙背景辐射的各向同性问题。这些观测结果让**宇宙原理**获得了有力的证明。

同时, 如果宇宙背景辐射是完全相同的话, 宇宙的密度就应该是完全相同的, 这就会造成现在的宇宙大尺度结构无法形成。1989 年发射的 COBE 空间探测器解答了这个问题。探测器发现了宇宙背景辐射带有微弱的波动现象（参考第 116 页）。

 2006 年, 美国科学家约翰·马瑟和乔治·斯穆特被授予诺贝尔物理学奖, 以表彰他们通过 COBE 探测器在宇宙背景辐射研究上做出的贡献。

168

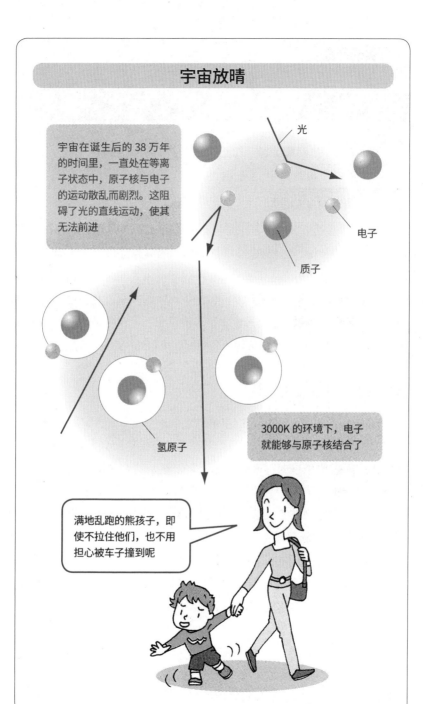

宇宙放晴

宇宙在诞生后的 38 万年的时间里，一直处在等离子状态中，原子核与电子的运动散乱而剧烈。这阻碍了光的直线运动，使其无法前进

光

电子

质子

氢原子

3000K 的环境下，电子就能够与原子核结合了

满地乱跑的熊孩子，即使不拉住他们，也不用担心被车子撞到呢

169

元素的产生

存在于早期宇宙的氢和氦

宇宙诞生时，产生元素的原子核的过程叫作原初核合成。

宇宙中存在的元素

通过对地球、月球及陨石的调查，得出了太阳系内**元素的存在比例**基本是固定的结论。20世纪40年代后期，伽莫夫等科学家认为元素起源于宇宙早期，是宇宙早期的火球中产生了元素。同时，伽莫夫等还假设太阳系中存在的所有元素都是同时产生出来的，不过有关这个概念的研究还是遇到了问题。要是按照伽莫夫的设想，宇宙中是产生不出重元素的。而重元素的产生必须依赖恒星内部的核聚变反应。

宇宙大爆炸元素合成

宇宙大爆炸是不可能产生出所有的元素的。那么宇宙**原初核合成**是如何制造出元素的呢？最简单的想法是，宇宙早期只有氢元素存在，这样一来就需要恒星内部来制造氦元素。但是这个说法无法解释为什么氦元素占据了宇宙中元素总量的1/4这个事实。从恒星中产生出来的氦元素所占比例并不高。也就是说，氦元素并非起源于恒星内部，在恒星出现之前就已经存在于宇宙中了。

一些观点认为，根据宇宙大爆炸理论的描述，宇宙诞生后的3min后，宇宙温度下降到10亿开的时候，散乱的质子和中子中就已经产生出氦原子核了。但这时宇宙处于等离子状态，这些原子核还没有与电子结合。

 从恒星中氢元素在核聚变的作用下，合成出的氦元素的多少，可以推算出这颗恒星的光量。

太阳系中元素保有量比例

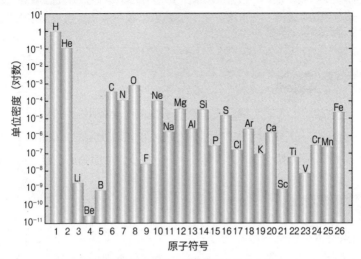

根据元素周期表制作。氢元素的单位密度为1

宇宙原初核合成

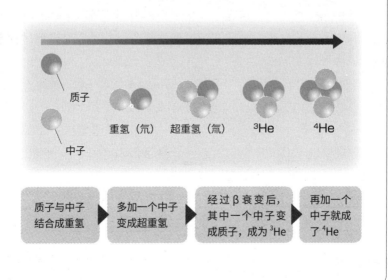

| 质子与中子结合成重氢 | 多加一个中子变成超重氢 | 经过β衰变后，其中一个中子变成质子，成为 ^{3}He | 再加一个中子就成了 ^{4}He |

171

强子的产生

用强大的力量将夸克封闭起来

在早期宇宙的高温、高密度时期，夸克可以单独存在。当温度和密度降低后，夸克就会被禁闭进强子中。

夸克的存在

通过实验，人们了解到质子、中子是由更为微小的粒子构成的。这个实验方法与英国物理学家卢瑟福发现原子核时所用的方法相同。让质子、中子与高能量电子撞击，并观察其飞散效果，从而确认了**夸克**的存在。

强子的口袋

虽然人们确认了夸克的存在，但其不是以单体状态出现的。夸克一般是以 10^{-15}m 的核子大小封闭起来的。这个现象叫作夸克禁闭。

不过有观点认为在早期宇宙的高温、高密度状态下，夸克是可以单独存在并自由运动的。这个状态叫作**夸克－胶子等离子态**。胶子是一种在夸克之间传递强相互作用力的粒子。等离子状态下，原子核和电子处于自由运动状态中，但这里所说的是夸克以单体状态自由运动的。

随着宇宙的不断膨胀，其温度、密度也在逐渐下降，此时夸克开始转换成强子，这被叫作**夸克－强子相变**。如果把强子看作一个口袋，那么这时夸克就处于被封入这个口袋中，并且无法被单独取出的状态。

在相变过程中，强子像气泡一样逐渐从夸克的海洋中浮现出来，这被认为是宇宙中不均匀现象的起因之一。

 美国物理学家盖尔曼在提出夸克的时候，由于无法用数学的方式来表现基本电荷 e 的数量是否实际存在而苦恼。

实验证明夸克存在

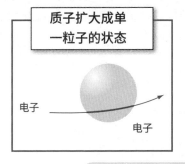

质子扩大成单一粒子的状态

电子

电子

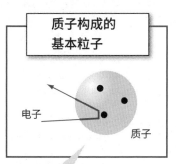

质子构成的基本粒子

电子

质子

20 世纪 60 年代的实验证明了夸克的存在

夸克 – 强子相变

夸克粒子

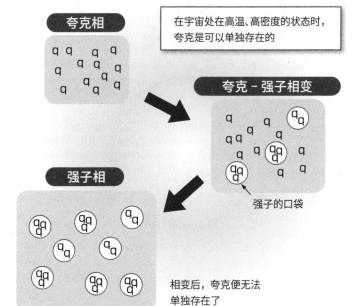

夸克相

q q q q
q q q
q q q

在宇宙处在高温、高密度的状态时，夸克是可以单独存在的

夸克 – 强子相变

q q q q(q q)
q q
q q(q q) q
(q q) q

强子的口袋

强子相

(q q) (q q) (q q)
(q q) (q q)
(q q) (q q) (q q)

相变后，夸克便无法单独存在了

反物质之谜

为什么只有物质被留了下来

有观点认为，宇宙从无中诞生，物质与反物质也是同时产生出来。但是现在的宇宙里只有物质存在，这一直是个不解之谜。

物质存在的 3 个条件

苏联物理学家萨哈罗夫提出了形成如今这种物质占优宇宙的必要条件。

（1）破坏**重子数守恒**的反应。

（2）同时破坏 C 变换和 CP 变换。

（3）脱离热平衡（需要脱离宇宙温度均匀分布的状态）。

以上就是**萨哈罗夫的 3 个条件**。

大统一理论的必要性

由夸克形成的粒子叫作强子，而强子分成**重子**和**介子**两类。重子是质子、中子等粒子的统称。重子数指的就是质子、中子的数量。举例来说，1 个质子的情况下，重子数就是 +1。反之如果有 1 个反质子，那么重子数就是 -1。由于宇宙诞生前是"无"的状态，因此重子数就应该为 0。到了早期宇宙的时候，物质与反物质处于等量状态，所以重子数实际也是 0。

但是形成现在这个物质占优的宇宙是由于重子数守恒被破坏所引起的，必须让重子数变为正值。解释这个反应，就需要用到将强相互作用力、弱相互作用力、电磁力统一起来的**大统一理论**。不过大统一理论至今依然没有完成，所以还无法解释为什么宇宙中只留下了物质这个现象。有观点认为质子的衰变就是破坏重子数守恒的现象，但这也不曾被观测到。

 2002 年获得诺贝尔物理学奖的日本科学家小柴昌俊，为了观测大统一理论所预言的质子衰变，领导了神冈宇宙射线观测装置的工作。

产生物质占优宇宙的必要条件

萨哈罗夫的 3 个条件

破坏重子数守恒的反应

同时破坏 C 变换与 CP 变换

脱离热平衡

重子数的不守恒

重子数示例

	重子数
质子	+1
反质子	-1

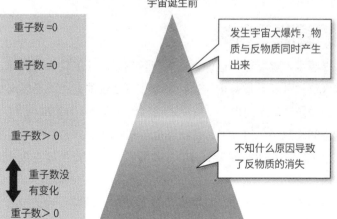

宇宙诞生前

重子数 =0

重子数 =0

重子数 > 0

重子数没有变化

重子数 > 0

发生宇宙大爆炸，物质与反物质同时产生出来

不知什么原因导致了反物质的消失

现在的宇宙

有观点认为质子的寿命比当前的宇宙还要长

高温、高密度的火球宇宙

宇宙的诞生从暴胀开始，之后暴胀产生的规模巨大的能量转换成热量，于是在一瞬间，宇宙从火球中诞生了。

发现宇宙的起始

哈勃发现的宇宙膨胀现象，改变了人们曾经对于宇宙自始至终不变的观点。既然宇宙依然在膨胀中，那么就说明过去的宇宙比现在的宇宙要小，逆时而上的话最终会收缩成一个点。这个点就是宇宙的起点，也说明宇宙的寿命是有限的。

科学家认为宇宙诞生的过程是从暴胀开始，然后才是宇宙大爆炸。在暴胀期的宇宙中，时空在真空能量的作用下被剧烈拉伸。这股巨大的能量变换成粒子，最后形成了高温、高密度的**火球宇宙**。这就是宇宙大爆炸的开端。

宇宙大爆炸的起始

提起宇宙大爆炸，也许会让人产生到底炸开了什么的疑问，其实宇宙大爆炸并非是炸弹爆炸这种现象。硬要说的话，就是空间本身像爆炸一样急速膨胀的现象，所以才被称作大爆炸（Big Bang）。而且，尽管空间膨胀了，但并不是说物体也会随着膨胀。

宇宙大爆炸的时候，宇宙中存在有粒子、反粒子等现在观测不到的东西。

早期宇宙中的粒子没有质量，并以光速运动着，到了宇宙大爆炸开始后的 10^{-13}s 时，宇宙空间变为真空性质（真空的相变）。当希格斯场出现后，粒子才获得了质量。

 日本科学家南部阳一郎最早提出了希格斯场使粒子获得质量的概念。

从能量到物质

能量引起粒子与反粒子的成对产生

$$E=mc^2$$

能量　　　　质量　常数

如爆炸一样的空间膨胀

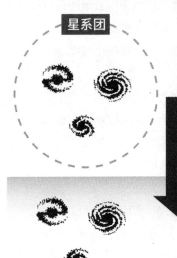

星系团

随着空间的膨胀，相距较远的星系团之间的距离会变得更远，而受到引力吸引的星系团之间的距离则不会改变

空间的膨胀

宇宙背景辐射的发现之路

　　作为宇宙大爆炸的余温，宇宙背景辐射证明了宇宙大爆炸的存在。这种辐射是地球上能接收到的宇宙中最为古老的电磁波。美国工程师彭齐亚斯和威尔逊发现了宇宙背景辐射。根据观测，宇宙背景辐射是一种波长为数厘米到数毫米的电磁波，属于电波类。如果用普朗克公式计算的话，可以得出这个辐射大约有 3K 的温度。这个发现让彭齐亚斯和威尔逊获得了 1978 年的诺贝尔物理学奖。

　　实际上，宇宙背景辐射在被他们两个人发现之前就已经有人观测到了。根据当时的射电天文学，人们认为是恒星的光加热了星系内的气体及各种星际物质后所辐射出的电波。宇宙大爆炸的倡导者伽莫夫曾经理论地阐述过宇宙大爆炸的余温大约有 7K，只不过这个温度是无法作为电磁波被观测到的。人们所能观测到的电波倒是与星际物质所辐射的电波在理论值上比较相近。

　　彭齐亚斯等在贝尔研究所制造了用于射电天文学的高精度射电望远镜。当然，这个射电望远镜也可以观测到星际气体等各种星际物质所辐射的电波。可是这些星际物质所辐射的电波掺杂了其他电波的噪声，而且无论如何也无法去除掉。

　　在那个年代，射电天文学有很多新发现，大量科研人员都投入到相关研究工作中。为了调查噪声的原因，科研人员去除了星际气体、星际物质所辐射的电波，只留下那个噪声。通过一系列绵密的调查，结果发现那个噪声是宇宙大爆炸的有力证据。

第 **7** 章　量子宇宙论

宇宙起始于一个很小的点

奇点理论 / 暴胀 / 时间的概念 / 霍金的宇宙论 / 宇宙诞生以前

奇点理论

时光倒流的话，宇宙会变成一个点吗

宇宙的持续膨胀状态，起始于一个被称作奇点的点。

彭罗斯和霍金的奇点理论

通过宇宙大爆炸理论，人们了解了宇宙从遥远的过去开始就处于不断膨胀的状态中。这意味着，如果让时间倒流，宇宙就应该能收缩。那么如果进行无止境的收缩，宇宙是不是就会从起始的那个点上消失呢？

数学家罗杰·彭罗斯和物理学家史蒂芬·霍金基于广义相对论证明出了**奇点理论**。根据这个定理的描述，两人从数学的角度证明出如果时间倒流，宇宙就会不停地收缩，并回到奇点的结果。

量子引力理论的必要性

奇点是一个体积为零，物质密度无限大的点。不过有个头疼的问题是，包括广义相对论在内的各种物理定律都无法解释奇点。也就是说，现有的物理学还无法解释宇宙起始及起始以前的事物。

在本书的第 2 章中提到微小物质的时候，就需要量子理论的支撑。同样，物理学家在研究像奇点这样微小的宇宙时，也必须把广义相对论(= 引力理论)和量子理论结合起来，用**量子引力理论**作为研究基础。根据正确的量子引力理论，奇点就不会出现，宇宙的起始和起始以前的事物也应该能在物理学范围内解释清楚。

 奇点理论不仅可以说明宇宙的起始，还预示着黑洞内部也有奇点的存在。

追溯宇宙的历史会得到什么

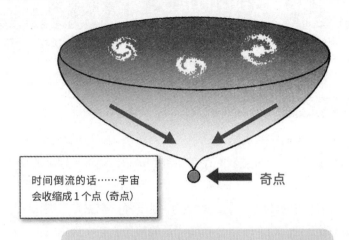

时间倒流的话……宇宙会收缩成1个点（奇点）

奇点

在物理定律（广义相对论）下奇点是不成立的

量子引力理论的必要

如果整个宇宙都变成一个微观的存在，宇宙也必须用量子理论作为理论支撑

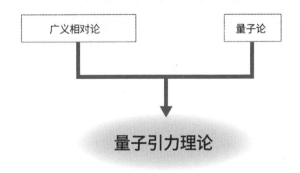

广义相对论　　　　量子论

量子引力理论

暴胀

真空能量引起的扩大

用量子理论来解释刚刚诞生不久的宇宙，就可以知道这时的宇宙是处在一个被叫作暴胀的急速膨胀状态中的。

真空的相变

刚刚诞生的宇宙被认为处于"真空状态"。虽说是真空状态，但并不是说这就是一个完全不存在能量的状态。在量子理论的描述中，粒子会不断重复着产生和湮灭的过程，所以这个真空里是有能量的。

随着宇宙的膨胀，其温度也在不断下降。根据量子理论，当宇宙的温度降低后，会产生出含有低能量的新的真空（**真真空**）。然后原来的真空，带有更高能量的真空就会下降级别成为**伪真空**。综上所述，这种宇宙温度下降后，从伪真空向真真空转变的现象（**真空的相变**）在宇宙的各处都会不断出现。

真空的相变引起宇宙的加速膨胀

将真空相变和广义相对论结合后，就可以得知在宇宙大爆炸以前，刚诞生的宇宙是处于急速膨胀（暴胀）状态的。随着宇宙温度的降低，宇宙各处都会发生真空相变现象。伪真空带有负压，与爱因斯坦方程式中的宇宙常数有相同的作用。宇宙常数不仅能产生斥力，还会加速宇宙的膨胀。也就是说，伪真空状态的宇宙是处于加速膨胀状态下的。

宇宙的暴胀结束后，会进入真真空状态，真空的能量会转化为光能（**宇宙的再加热**），并向宇宙大爆炸迈进。

 暴胀理论并非量子理论的自然总结，而是作为宇宙大爆炸理论的重要补充而存在。

182

真空的相变

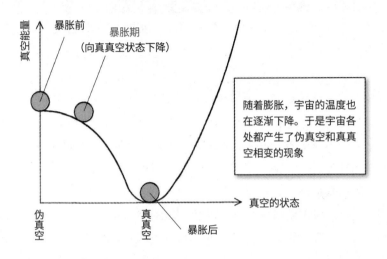

真空能量

暴胀前

暴胀期
（向真空状态下降）

> 随着膨胀，宇宙的温度也在逐渐下降。于是宇宙各处都产生了伪真空和真真空相变的现象

真空的状态

伪真空

真真空

暴胀后

暴胀

真空的相变是由暴胀所引起的，宇宙的大小在一瞬间扩大了 10^{30} 倍以上

$10^{-5} \sim 10^{2}$ m

暴胀期

10^{-35} m

时间的概念随理论一同变化

随着物理学的发展，人们对于时间的认识也在逐步增加，这种进步对于宇宙观有着重要的影响。

牛顿的时间与爱因斯坦的时间

在研究物理现象的时候，就需要对物质、光线运动时间和空间进行了解。牛顿认为宇宙存在普遍适用的时间流动（**绝对时间**）。他认为时间是普遍适用的，相比物理上的描述，时间更符合形而上学（哲学）所描述的概念。

另外，根据爱因斯坦的广义相对论的描述，如果两个人所在的相对位置处于变化状态时，那么两个人的时间进程就是不同的。也就是说，时间是个相对概念。而且在广义相对论中，物质的能量随时都在改变时间的进程。这表示"爱因斯坦把时空的概念，从形而上学中拉到了物理学的层面上"。

霍金提出的虚时间是什么？

上述两种时间概念的共同特征是，其连续性用模拟时钟的时间来表示的。在量子论中，能量等物理量是可以分散的（数字）。从这种类比中，可以推算出基于量子引力理论中的时间分散的最小单位是10^{-43}s（普朗克时间）。

霍金认为自诞生起就只经过了大约普朗克时间的宇宙，其时间与空间是无法区分的。这种"空间化的时间"被叫作**虚时间**，这与下一节要讲到的霍金的宇宙创造模型有密切关系。

 在物理学中，描述了熵（无序）会不断增大的"热力学时间"的概念。

3 种时间概念

牛顿的绝对时间

牛顿认为物体的运动（时针旋转等）是一种独立的、普遍适用的"绝对时间"

爱因斯坦相对论的时间

根据爱因斯坦的狭义相对论，时间是基于观测者的一种相对的概念（否定了绝对时间）。而且在广义相对论的描述中，说明了正是引力使时间和空间发生了歪曲

霍金的虚时间

霍金设想，在宇宙还没有开始的时候，宇宙中就流逝着空间化的时间（虚时间）。虚时间是将平方后为负值的虚数作为时间轴的概念

从无边界开始

霍金和哈特尔提出了一个在虚时间概念下，无奇点"起始"的宇宙诞生过程。

设想没有奇点的宇宙

奇点理论描述了宇宙起始于奇点的概念。但是霍金、彭罗斯并不相信基于广义相对论的宇宙起源概念，他们认为如果用量子引力理论来解释的话，宇宙应该是从无奇点的状态起始的。

20 世纪 80 年代，霍金将费曼的路径积分这一量子化方法应用到广义相对论中，开始钻研"宇宙无奇点诞生的可能性"这一难题。

虚时间与无边界假设

几乎所有的物理定律都要用某种方程式来表现微分方程。如果要解开微分方程式，就必须要引入**边界条件**。将波动函数应用到宇宙整体，求解**宇宙波动函数**的微分方程式也不例外。而要得到量子概念下关于宇宙的解，是一定要有适当的边界条件的。

1983 年，针对宇宙的边界条件，霍金和哈特尔提出了**无边界**的大胆设想。两人设想在早期宇宙中，流逝的并不是通常的**实时间**，而是**虚时间**，这表示作为宇宙边界的奇点是会消失的。到目前为止，基于无边界假设的宇宙模型是量子概念下描述宇宙诞生过程的代表性模型。

 如果无边界假设是正确的，那么宇宙就不需要"创造者"，而可以自我完结也说不定。

186

从无开始的宇宙

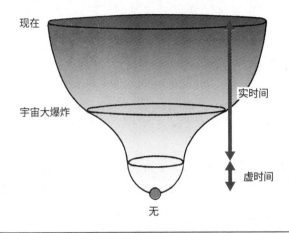

现在

实时间

宇宙大爆炸

虚时间

无

霍金和哈特尔将一种叫作路径积分的量子化方法应用到广义相对论中，以求解宇宙的波函数。然后提出了主张"无边界作为宇宙边界条件"的"无边界假设"。如果该假设正确的话，宇宙就是从"无"这个点上诞生，而不是从奇点诞生的。同时虚时间的宇宙会转变成实时间的宇宙

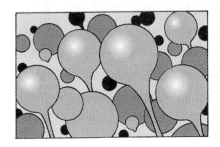

霍金和哈特尔的理论预言了微观的宇宙从"无"中诞生，随着暴胀逐渐扩大，直至变成如今人们所见的宇宙

宇宙诞生前是什么样的

既然宇宙有起始点，那么这之前是什么样的呢？用量子引力理论是不是就能解答这个问题了呢？

起始之前是？

将宇宙大爆炸理论与奇点理论结合起来，就可以了解到宇宙是从奇点"起始"的。那么这就不禁让人想到一个问题，宇宙起始以前是什么样的呢？

一种答案是霍金和哈特尔的无边界假设，也就是宇宙无奇点（边界）的说法。但是为了让无边界假设能够用宇宙的波函数计算出来，两位科学家可是伤透了脑筋。另外，如果用之后要讲到的圈量子引力理论及膜宇宙模型，或者其他方法也可以构造出无边界宇宙模型。

完整的量子引力理论存在吗？

研究量子理论，需要有一个客观的**观测者**。也就是说要对量子系的波函数进行计算，然后将这个计算结果与观测结果进行对比，得出的结果才是这个客观的观测者。但是宇宙及其定义包含了世上的一切，人们所说的波函数，必然会引起"用量子状态描述观测者（人或装量）"这一问题。

即使是在后文中要提到的圈量子引力理论、超弦理论等量子理论被应用到天体科学领域的根本问题，也难以得到解决。人类今后面临的最大课题，可能就是将量子引力理论完整，并研究出奇点以前宇宙是什么样的吧。

 曾经有个笑话，"宇宙是神创造的，那么神是谁创造的呢？""地狱就是为提出这个问题的人而准备的"。

如果没有起始的话……

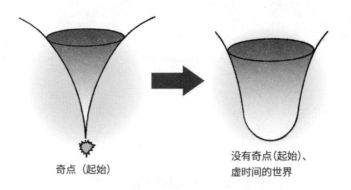

奇点（起始）

没有奇点（起始）、
虚时间的世界

> 无边界假设描述的是"宇宙起始于
> 无（边界）"

将量子理论应用到宇宙的可能性

量子宇宙

包含观测对象

观测者
（人、观测装置）

即使在现在，能否将量子理论应用到宇宙中这个根本性问题都
没有得到解决。依靠量子宇宙论是无法将量子宇宙与观测者
（人、观测装置）分离开的

薛定谔的猫

量子力学的基础是"叠加原理"。几种不同原因的综合效果，等于这些不同原因单独产生效果的累加。薛定谔不赞同量子力学关于概率的解释，于是就有了"薛定谔的猫"这个思想实验。

在一个箱子里，放入装有毒气的密封容器与一只猫。同时被放入的还有放射性物质，当毒气容器上的机关检测到放射性物质，毒气就会被释放出来。至于毒气机关何时会被放射性物质触发，这就是概率问题了，从箱子外部是无法得知的。经过一定时间后，箱子中的猫是生还是死呢？

一定时间后，放射性原子核衰变的概率，是可以通过量子力学计算出来的。通过计算可以得知，等待适当的时间后，原子核衰变的概率是50%，不衰变的概率也是50%。那么这个时候，箱子里的猫处于"生死并存的状态"。人们是无法从箱子外面得知里面的状态的，而实际打开箱子后，看到也是猫的生与死这两种状态之一。

量子理论中，不论是谁来观测，状态叠加的效果在被观测到的一瞬间都会"收敛"为一个单一的状态（波束的收缩）。薛定谔把类似这样的波束收缩概念应用到常规的问题中，由引起的矛盾暴露出量子理论的不完整性。"薛定谔的猫"将量子力学的"观测问题"与宏观的猫联系起来，其引起的争议一直持续到现在。

第 **8** 章 统一场论

将小世界与大世界连接起来

理论物理与宇宙观测 / 标准模型的局限 / 相互作用力的统一 / 暗物质 / 圈量子引力理论 / 超弦理论 /M 理论 / 五维时空

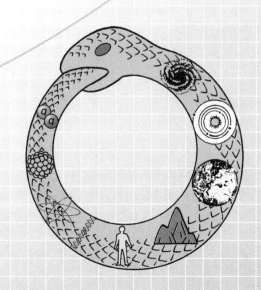

发展理论物理的关键在于对宇宙的观测

观测宇宙，人们知道了宇宙的过去处于高温、高密度状态。这对于粒子物理学来说有着非常重要的意义。

宇宙是粒子物理学的"实验室"

对于探索"深层粒子、作用力"的**粒子物理学**来说，用于验证理论的实验和观测都是至关重要的。但是加速器实验等在地面上进行的实验受到技术、资金方面的诸多限制，所以无法用于高能量领域的研究。

同时，宇宙中的物理现象所产生的能量是没有上限的。如果时间倒流，宇宙的温度、密度都会无限上升。因此观测早期宇宙的状态对于粒子物理学的研究有着十分积极的作用。

观测过去的宇宙

由于光的速度是有限的，所以观测遥远的宇宙就等于是观测到了宇宙的过去。例如，观测距离1亿光年远的星系，其实人们观测到的是这个星系1亿年以前的样子。更直观的例子是威尔金森微波各向异性探测器（WMAP）探测到的宇宙背景辐射，这是来自38万年前的电磁波。

从宇宙背景辐射中可以了解到宇宙早期的温度波动，并且还可以通过这种波动调查出宇宙诞生后出现的暴胀现象的信息。在第7章中讲到，暴胀是由真空相变引起的。以现有的粒子物理学还不能完全说明相变的具体状态。于是科学家们提出了新的真空理论模型，并将其与宇宙背景辐射的观测结果对比，以论证该理论的正确性。

 如果是通过引力波，而不是电磁波的话，就可以直接获得宇宙放晴以前宇宙状态的信息了。

粒子和宇宙的关系

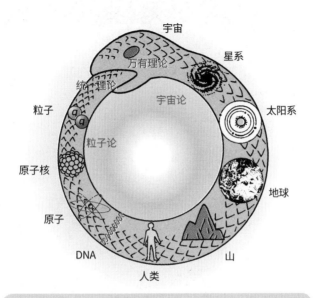

刚刚诞生时的微观宇宙是受粒子物理学定律所控制的。谢尔登·格拉肖用希腊神话中包围整个世界的巨蛇"乌洛波洛斯"对宇宙进行了解释。大尺度（蛇头）和小尺度（蛇尾）的物理现象是首尾相连的

原来把脑袋和尾巴连一块就叫统一理论呀

不是这么理解的

标准模型的局限

中微子振荡动摇了标准模型

通过观测中微子振荡，人们发现粒子标准模型存在着重大的缺陷。

太阳中微子问题

把综合描述电磁相互作用力与弱相互作用力的电弱统一理论结合量子色动力学后，就得到了粒子标准模型（参考第 132 页）。

太阳是通过其内部的氢元素聚变为氦元素的过程产生出耀眼的光芒的。太阳的核聚变反应会放射出大量电子中微子，而且可以到达地球表面。不过人们发现地球表面的电子中微子的量，比用粒子标准模型所计算出来的量少了一半还多。这个理论与实际观测的矛盾结果被叫作**太阳中微子问题**。

中微子振荡

发现太阳中微子后，人们首先开始质疑"标准太阳模型"。可是很多观测结果与这个模型又不矛盾，所以也很难修改这个模型，于是就打消了修改的念头。

于是人们开始讨论被释放到地表上的电子中微子是否有可能变成其他种类的中微子（μ 中微子、τ 中微子），这个现象叫作**中微子振荡**。通过实验，科学家们确认了这个现象的存在。

产生中微子振荡的中微子需要有一定的质量，但在标准模型的叙述里，中微子的质量为零。所以这里只能认为中微子振荡这一事实现象，说明了粒子标准模型的局限性与缺陷。

 2002 年，雷蒙德·戴维斯和小柴昌俊因在中微子天文学的开创性贡献而获得诺贝尔物理学奖。

中微子振荡

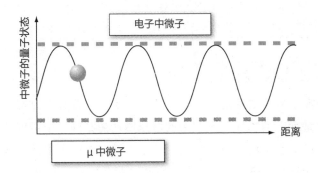

太阳中微子问题证实了中微子种类变化的"中微子振荡现象"。同时也说明粒子标准模型是有缺陷的

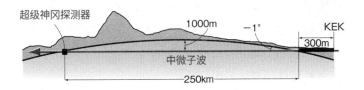

"K2K 实验"是由位于日本茨城县的高能加速研究中心（KEK）发射出中微子，然后通过位于岐阜县的超级神冈探测器获得探测结果，证实了中微子振荡的存在

相互作用力的统一

物理学家们的梦想是相互作用力的统一

全世界的物理学家们都在致力于让支配自然界的 4 种力（电磁相互作用力、弱相互作用力、强相互作用力、引力）统一起来的研究。

什么是相互作用力的统一

物理学的历史就是一个"统一的历史"。万有引力定律让人们明白了地面上的物体与天空中的繁星遵从的是同一个物理法则。相对论把时间和空间统一成时空，量子力学把粒子和波动这两个不相干的概念结合了起来。

在自然界中，存在有电磁相互作用力、弱相互作用力、强相互作用力、引力共 4 种基本力。是从物理学的"统一历史"来看，4 种力都基于各自不同的理论描述，但仍然有很多科学家相信，应该存在一种能够以少数原理就能导出 4 种相互作用力的终极理论。

大统一理论和万有理论

在 S. 温伯格、A. 萨拉姆、S. 格拉肖等主张的**电弱统一理论**的描述下，证实了 4 种基本力中的电磁相互作用力和弱相互作用力的存在。另外，用于描述强相互作用力的量子色动力学与电弱统一理论的结合理论，被称为**大统一理论**（Grand Unified Theory，GUT）。科学家们提出了各种各样的概念力图完成这个理论。

最终将引力包含在内的用于描述所有作用力的**万有理论**（Theory of Everything，TOE）到完成为止还有待时日，这是由于除了 4 种基本力的统一问题外，**引力的量子化**也是一个还没有解决的难题。

 位于日本岐阜县的超级神冈探测器是为了验证大统一理论预言的质子衰变而建造的，对统一理论的研究有着重大作用。

粒子统一理论

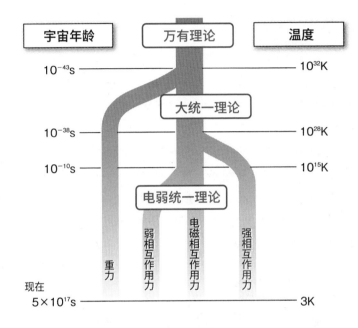

宇宙年龄	万有理论	温度
10^{-43}s		10^{32}K
	大统一理论	
10^{-38}s		10^{28}K
10^{-10}s		10^{15}K
	电弱统一理论	
现在 $5×10^{17}$s	重力　弱相互作用力　电磁相互作用力　强相互作用力	3K

一般认为，刚诞生的宇宙在高温、高密度状态下，4 种基本力被认为是一体的。随着宇宙的膨胀，宇宙的温度也在下降，这时引力先被分离了出来（宇宙诞生起的 10^{-43}s 前后），接着强相互作用力被分离出来（10^{-38}s 前后），弱相互作用力和电磁相互作用力则是最后分离出来的（10^{-10}s 前后）。提出粒子统一理论，并验证其描述的过程，就是再现宇宙刚诞生不久时的过程

暗物质是新粒子的备选吗

不论是大统一理论，还是万有理论，都描述了各种各样标准理论中没有的粒子，这些粒子都可能是暗物质。

暗物质与标准模型

通过观测宇宙背景辐射，人们了解了宇宙中所有能量中大约22%是暗物质。

对于"暗物质是什么？"这个问题，大致有两个可能性的答案。其中一个是类似黑洞、中子星、白矮星等不会发光（或者非常暗）的天体。另一个可能性是粒子，像夸克、强子这样属于标准模型中的粒子如果是暗物质的话，那么用常见的粒子就应该能描述暗物质了。但是标准理论中最有希望成为暗物质的中微子，在经过观测后，表明其存量也是微乎其微的。

暗物质与大统一理论

通常情况下，大统一理论中描述了许多标准理论中所没有的粒子。于是这些新型的粒子如果具有暗物质的特性（有限的质量、弱相互作用力等），那么它们就能成为暗物质的备选。比如，在作为万有理论而受人关注的超对称理论（参考第204页）中，所有的基本粒子都会有一种被叫作超对称粒子（超伴子）与之匹配，其中一些粒子就可能是暗物质。对类似这样的在大统一理论中出现的新型粒子是否属于暗物质的验证工作，只能靠日后不断地观测和实验来实现。这就是第192页所讲的"发展理论物理的关键在于对宇宙的观测"的如实表现。

没有电荷的超对称粒子"超中性子（又译中性微子）"最有可能是暗物质，目前有望通过大型加速器LHC的实验来观测到。

暗物质与统一理论

宇宙的成分

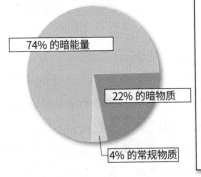

- 74% 的暗能量
- 22% 的暗物质
- 4% 的常规物质

通过宇宙的结构形成理论及对宇宙背景辐射的观测，人们了解到宇宙中的暗物质（不会发光的物质）是常规物质（重子）的 5 倍以上。由统一理论发现的不明粒子，被认为是暗物质的备选

标准模型中的粒子

夸克

u c t
d s b

规范玻色子

γ Z^0 $W^±$ g

轻子

v_e $v_μ$ $v_τ$
e μ τ

希格斯玻色子

h H^0 $A^±$ $H^±$

超对称伙伴

超夸克

u c t
d s b

超规范玻色子

γ Z^0 $W^±$ g

暗物质的备选

超轻子

v_e $v_μ$ $v_τ$
e μ τ

超希格斯玻色子

H_1^0 H_2^0 $H^±$

未发现的粒子

根据被叫作超对称理论的粒子统一理论，标准模型中出现的所有粒子都存在着与其匹配的超对称粒子。超对称粒子中，具有电中性的长寿命粒子是暗物质的备选对象

将相对论量子化的圈量子引力理论

将广义相对论量子化的圈量子引力理论，预言了面积、体积等几何量的不连续值。

广义相对论的量子化

20 世纪 60 年代盛行一种以量子理论为标准的规范量子化方法将广义相对论量子化。到了 20 世纪 80 年代中期，阿贝·阿希提卡、卡洛·罗威利、李·施莫林等开始主张一种叫作**圈量子引力理论**的方法，加速了相对论的量子化进程，这项研究至今依然在进行中。

构筑量子引力理论，需要先以广义协变性与背景独立性两种原理为前提条件。前者不会根据观测位置（坐标）而使理论改变；后者的理论不会依存于特定的时空。虽然这些原理满足了广义相对论的描述，但对于使相对论量子化的量子引力理论来说还有些难题没有解决。另外，不用重新设定时空的连续性与不连续性，就能通过计算导出，也是该理论的一大特征。

不连续的时空与自旋网络

从圈量子引力理论中导出的微观时空，是由面积、体积这种几何层面上的不连续值构成的，"量子空间"叫法由此而来。该现象以点、线的形式出现，用被称为**自旋网络**的抽象图形来表示。在这些量子空间中并非只存在"面积量子""体积量子"的状态，还能表现出时空的曲率（弯曲的程度）。另外，自旋网络中的时间是相当于附加了 1 个维度的自旋泡沫，这也是由自旋网络变化而来的，也就是说这就是量子历史。

 20 世纪 70 年代，彭罗斯就提出了自旋网络的概念，之后被圈量子引力理论的研究人员再一次提出。

表现量子空间的自旋网络

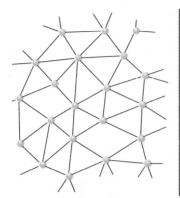

空间的量子状态用线段、顶点构成的自旋网络来表示。

例如，一个边长 2 的立方体体积为 8，其 6 个面构成的总面积为 4。用自旋网络来表示的话，这个立方体就是由顶点的数字 8 与带有 6 条线段的数字 4 构成

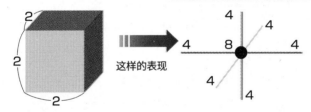

这样的表现

自旋泡沫

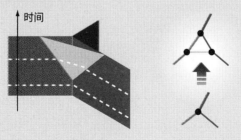

时间

自旋泡沫的时间进程由自旋网络的改变来表现。例如，将上图所示的自旋泡沫看作是固定时间进度的截面（点线）的话，自旋网络表现出的状态就从 1 个顶点分裂为 3 个顶点了

圈量子引力理论与宇宙学

将圈量子引力理论应用到宇宙学后，可以在不讨论奇点问题的情况下描述宇宙的暴胀现象。

圈量子理论的挑战

奇点的存在是围绕宇宙大爆炸现象的最大问题。宇宙刚刚诞生后的暴胀现象已经通过观测被证明出来，但还不能作为理论依据。

马丁·博约沃尔德把圈量子引力理论运用到宇宙学（**圈量子宇宙学**），展开了对奇点问题的研究。结果不仅成功回避了奇点问题，还在此基础上描述出暴胀现象。

宇宙大反弹与暴胀

为了将圈量子引力理论应用到宇宙学中，就需要一些假设条件，来导出依照原始宇宙的薛定谔方程式。根据薛定谔方程式，人们了解到，当宇宙的大小接近零时，就会发生**宇宙大反弹**。也就是宇宙收缩到一定程度后就会转而膨胀的现象。而且这个理论还预言了宇宙大反弹后，紧接着就是宇宙加速膨胀的时期（暴胀）。

举例来说，海绵中有许多小孔可以吸收水分，但这些小孔的大小和数量都是有限的，使海绵只能吸收一定数量的水。同样，如果空间也具有量子级别的最小限度，那么这种只能储存有限能量的可能，就回避了奇点说。当能量到达限度以后，还有能量不断进入的话，宇宙就会出现反弹，并加速膨胀。

 圈量子引力理论可以作为万有理论的备选，在统一相互作用力这一点上，比弦理论领先了一步。

量子空间的密度是有上限的

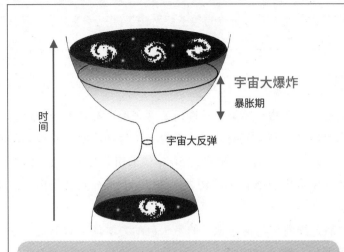

宇宙大爆炸

暴胀期

时间

宇宙大反弹

马丁·博约沃尔德根据量子空间的性质，用宇宙大反弹替代了能量密度的释放（奇点）的描述，并预言宇宙大反弹之后立刻就开始暴胀

不论是能量还是食欲都有忍耐的底线呢

这可真是大反弹啊

超弦理论的成因

在超弦理论的描述中，所有的粒子都是由普朗克长度的弦，通过振动产生出来的。这使其称为最有望成为万有理论。

强子的弦模型

不论是经典物理还是量子理论，这些理论都认为构成物质的基本要素是粒子。与之相对，"弦理论"认为构成物质的基本要素是1维的**弦**。为了描述20世纪50年代末相继发现的强子的性质，美国物理学家伦纳德·萨斯坎德。在20世纪70年代初提出了弦理论的概念。

之后，随着作为描述强子的量子色动力学理论的出现，对强子的弦模型的研究开始减少。不过，弦理论所描述的在1个弦的振动下能够产生出各种各样的粒子的概念还是很有吸引力的，这使弦理论作为粒子统一理论的研究，被持续了下去。

超对称性的应用

弦被认为有开弦和闭弦两种状态。通过调查其振动，得出了开弦包含了自旋为1的粒子（光子、弱玻色子、胶子），闭弦包含自旋为2的粒子（引力子）的结果。不过这些自旋值为整数的粒子（玻色子），是作为相互作用力的媒介而存在的粒子群。如果弦里面含有统一理论下构成物质的粒子群，那么就不会含有自旋值为半整数的粒子（夸克、轻子等费米子）了。于是在1971年，科学家们在弦理论基础上，将超对称性（即所有玻色子都有超对称粒子的费米子）应用到弦理论中，就成为了**超弦理论**。

 目前在物理学领域中热门的引力理论和规范场论就是"强子物理与弦理论的再会"。

从强子的弦模型到超弦理论

日本科学家南部阳一郎、后藤铁男及美国物理学家伦纳德·萨斯坎德认为，强子是夸克等通过弦结合出来的，并由此引入了强子的弦模型

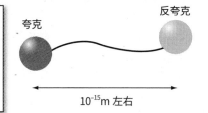

夸克　　反夸克

10^{-15}m 左右

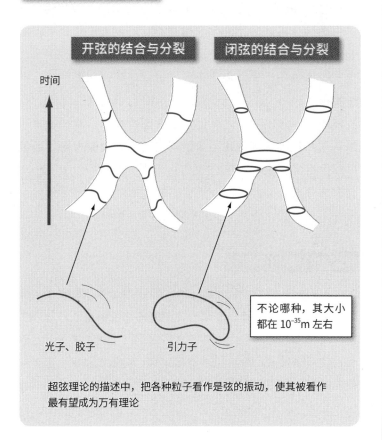

开弦的结合与分裂　　闭弦的结合与分裂

时间

光子、胶子　　引力子

不论哪种，其大小都在 10^{-35}m 左右

超弦理论的描述中，把各种粒子看作是弦的振动，使其被看作最有望成为万有理论

超弦理论 2

弦能解释世上的一切

超弦理论包含了粒子标准模型中出现的基本粒子、引力等，可能是唯一的一种无矛盾的量子引力理论。

弦理论肯定包含引力

闭弦的振动是自旋为 2、质量为零的粒子，与引力子都是 20 世纪 70 年代前期由美国和日本的几位科学家提出的。闭弦的概念是用来描述引力的。另外，在开弦的端点上附加电荷后，就可以描述标准模型里的粒子群。可是换个角度看开弦的传播、分裂现象，就可以发现开弦理论中肯定会包含闭弦。也就是说，如果按照标准模型所描述的弦理论，那么就必然包括了引力的部分。

从弦理论中导出的引力理论中，对低能量（弦的长度是几乎大到无法认知的尺度）的描述与爱因斯坦的引力理论相同。而且通过弦的相互作用在其他领域的扩展，基于相对论中点粒子的量子理论，能量无限大上的问题（紫外发散的问题）也随之得到了解释。到目前为止，超弦理论可能是唯一完整的**量子引力理论**。

万有理论的"美好前景"

在粒子的标准模型中，各种各样的粒子质量及相互作用的强弱只能通过实验来确认。但是，超弦理论中弦的长度和相互作用强度等不是随机的自由参数。从这一点看来，在超弦理论的框架下，它们可以由所有的物理测量值（基本粒子质量、基本相互作用强度等）导出，从而使其成为了统一理论的"美好前景"。

 在超弦理论盛行以前，在广义相对论中导入超对称的"超引力理论"作为统一理论曾经风行一时。

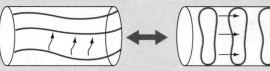

作为量子引力理论的超弦理论

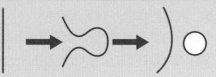

| 开弦的传播 | 闭弦的传播 |

闭弦是由开弦的分裂产生的

根据看法的不同，开弦在时空中的传播轨迹会被看作是由闭弦传播产生的。同时开弦的变形现象会形成闭弦。这意味着要讨论开弦理论，就必须将引力放在一起讨论

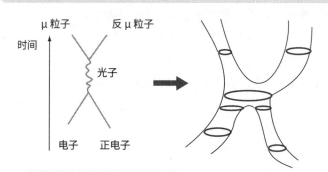

时间
μ 粒子　　　反 μ 粒子
光子
电子　　　正电子

光子由电子与正电子的碰撞所产生的，并分散成 μ 粒子和反 μ 粒子

闭弦之间的结合与分裂

从超弦理论到 M 理论

1995 年，美国物理学家爱德华·威滕将超弦理论称为 M 理论，提出了更为基础性的理论假设。

超弦理论不止 1 个

超弦理论让时空中传播的基于相对论的弦，作为量子力学被确立。但这是为了将相对论与量子理论整合起来而做出的，带有很强的局限性。结果就是，如果弦可以传播的时空的维度是 10 的话，就可以将可能出现的超弦理论限定在 5 个以内。

对比这 5 个理论，可以发现它们在超对称性的数量及是否含有开弦等多个地方有不同之处，看上去就像是 5 个毫不相干的理论。

统一理论的统一

遗憾的是，其实超弦理论只能应用于弱相互作用力的部分，也就是弦的结合分裂在有限的情况下才能被确立。这个现象造成本应该作为"终极理论"的超弦理论可能存在有多种版本。

不过，随着对弦的强相互作用力部分研究的推进，人们发现 5 个超弦理论可能都是完全相同的。而且威滕在 1995 年将 10 维的超弦理论重新定义为 11 维，确立了更为基本的 **M 理论**为基础的假设。M 理论中用一种叫"膜"的二维延展物体作为基本概念。M 理论的定型化虽然处于发展阶段，但这个理论完成的时候，就是"（引力）统一理论（超弦理论）统一"的时候。

说到 M 理论中"M"的含义，有 Membrane（膜）、Magic、Mysterious、Mother 等各种各样的说法。

作为量子引力理论的超弦理论

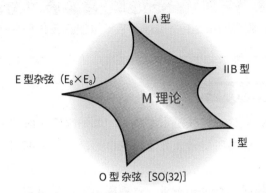

IIA 型

IIB 型

E 型杂弦（$E_8 \times E_8$）

M 理论

I 型

O 型杂弦 [SO(32)]

超弦理论定义了时空的维度是 10 维，并且有 5 种超弦理论。物理学家爱德华·威滕从 M 理论中重新定义了所有的超弦理论，并规定了时空的维度为 11 维

从超弦到超膜

十维时空中的弦

十一维时空中的膜

在 M 理论的描述中，存在有 10 个空间维度和一个时间维度，共 11 个维度。在这个理论中不存在弦，而是以二维的薄膜作为基础概念。如果将膜弯曲后，缩小的圆半径看起来就像弦一样

宇宙不是四维的吗

在 1999 年提出的膜宇宙模型中，描述了宇宙是嵌入五维时空中的四维膜。

高维度统一理论的课题

超弦理论、M 理论的特征是十维或十一维的高维度时空。但是人类只能感受到四维的时空，高维度理论中的额外维度都因为某些微观的形式（**紧致化**）而无法被感受到。而剩下的这个四维时空与基于广义相对论的研究结果相矛盾。这被称为紧致化问题，是让高维度理论作为实际可以被接受的统一理论而必须要攻克的课题。

膜宇宙学模型

1999 年，美国物理学家丽莎·蓝道尔和拉曼·桑壮提出了**膜宇宙学模型**。这个模型描述了宇宙是嵌入五维时空的四维**膜**。引力的引力子可以在整个五维时空中传播，但标准模型表现出的常见的相互作用力、粒子只存在于四维的膜上。而且由于特殊的曲率，膜可以用广义相对论表现出来。

与标准模型中的相互作用力相比，统一理论中引力非常小的观点就显得不太合理，这就是**级列问题**。膜宇宙学模型可以通过剩余曲率来解决这个层级问题。另外，根据膜之间碰撞会产生炽热宇宙的**火宇宙（Ekpyrotic Universe）理论**，也能够避开宇宙、时空起始于奇点的问题。

 膜宇宙学模型的倡导者丽莎·蓝道尔是第一个获得世界著名大学——普林斯顿大学终身教授的女性。

膜宇宙学模型

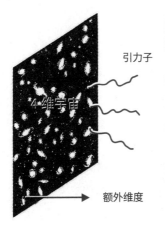

蓝道尔和桑德拉姆所倡导的膜宇宙学模型描述了人们所处的宇宙是一个嵌入到五维时空中的四维膜。

由于额外维度中只能传播引力，所以是无法通过光线来观察剩余维度的。但对早期宇宙的观测可以验证这个模型的可能性

引力子

4维宇宙

额外维度

火宇宙理论描述了膜之间的碰撞可以让膜的动能转化成物质的热能，从而产生出炽热宇宙。我们人类所处的膜宇宙会与其他的膜碰撞产生热量，随后膜之间相互分离，在我们所在的这个膜上形成了银河

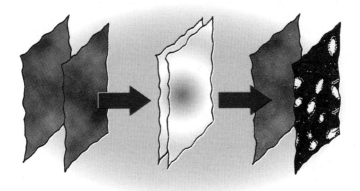

诺贝尔物理学获奖者与量子理论

1901 年开始，诺贝尔物理学奖每年都会颁发给在该领域有卓越贡献的人，科学领域最杰出的奖项。到目前为止，一共有 7 名日本人获得了这一奖项（确切地说，南部阳一郎在获奖的时候还是美国国籍）。

除了物理学奖项外，诺贝尔奖项中还设置了化学奖、生理学/医学奖、文学奖、和平奖、经济学奖。汤川秀树因为"预言了介子的存在"而获得的诺贝尔物理学奖，是第一个获得该奖项的日本人。除去江崎玲于奈是在物性物理学领域获奖之外，所有获得诺贝尔物理学奖的日本人都是在粒子物理学领域做出了杰出的贡献。并且包括江崎玲于奈在内的日本获奖者都是从事与量子理论相关的研究工作。

通过上述事例就可以了解，从 20 世纪开始，日本在量子理论、粒子物理领域的研究就有着优秀的传统。可是近年来日本的年轻人都在畏惧理科的学习，希望这个优秀传统不会因此而丧失。

年份	获奖人	获奖理由
1949	汤川秀树	预言了介子的存在
1965	朝永振一郎	量子电动力学的基础研究
1973	江崎玲于奈	发现关于半导体的量子隧穿效应
2002	小柴昌俊	探测出宇宙中微子
2008	小林诚、益川敏英	预言了夸克存在 3 代。发现了自发对称性破缺的起源

第 9 章 宇宙的今后

浩瀚宇宙中的诸多课题

多宇宙 / 宇宙的未来

宇宙只有一个吗

在宇宙学·量子理论中，预言了有很多与人类所处宇宙相似的宇宙空间。当然这只是在一定前提下的理论而已。

宇宙必然会有很多个吗?

由于光速和宇宙的年龄是有限的，因此人们所能观测到的宇宙空间也是有限的。在描述"宇宙（万物）"的时候，总是不断在强调有限空间这个概念。于是，这个空间外就被视为存在有大量"其他的宇宙"。而且根据近年来的观测，如果宇宙空间的曲率为零的话，宇宙整体可能就是由一个体积无限，并存在无限个"宇宙"所构成的"多重宇宙"集合体。综上所述，也许会有与我们所在的宇宙非常相似的宇宙（**平行宇宙**）存在。

暴胀理论预言了无数个宇宙（**婴儿宇宙**）的产生。另外关于膜宇宙学模型的火宇宙理论也描述了各种各样的膜就是多重宇宙的概念，意思是有多少膜，就有多少个宇宙。

量子理论对于多世界的解释

在量子理论中，将观测物理现象所得到的若干状态叠加起来，物理现象在被观测到的同时，会产生波束的收缩，并朝向同一个状态迁移。这个描述被称为**哥本哈根解释**。

休·艾弗雷特三世并不接受上述解释，他在 1957 年提出了基于量子理论的**多世界解释**。该理论描述了世界在一个量子级别的过程中被分开，并形成各自不同的世界状态。基于宇宙论的多重宇宙，其大部分都具有不同的状态，也就是说艾弗雷特的分歧世界也属于多重宇宙的一种概念。

 SETI 是一项利用全球联网的计算机共同搜寻地外文明的科学实验计划，这个计划正在世界各地展开。

无数个宇宙

无法观测到的平行宇宙

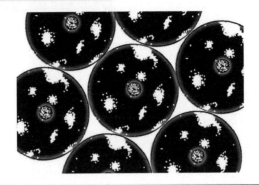

我们所能观测到的空间是有限的，是一个半径大约为 470 亿光年（$5×10^{26}$m）的球体。这个范围以外被认为是"其他的宇宙"

婴儿宇宙

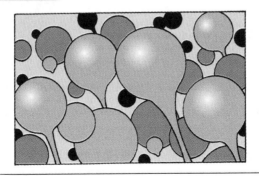

有观点认为在早期宇宙出现暴胀现象时，产生出了无数个"婴儿宇宙"，而这些婴儿宇宙之间是无法相互来往的

宇宙在膨胀还是在收缩呢

处于膨胀中的宇宙，现在是不是要开始收缩了呢？还是说继续膨胀下去呢？

大挤压

　　未来宇宙是收缩还是继续膨胀，是由宇宙的**曲率**（或能量密度）来决定的。曲率为正的宇宙叫作**闭合宇宙**，这种宇宙最终是要转为收缩状态的。收缩中的宇宙会把膨胀过程中形成的大尺度结构、星系、恒星等构造全部都破坏掉，最终变成高温、高密度、充满炽热粒子的状态后，大挤压就会到来。这个结果，没有量子引力理论无法解释，在这一点上与早期宇宙的奇点是相同的。

会出现第二次膨胀吗

　　曲率为零的宇宙是**平坦宇宙**，曲率为负的宇宙就是**开放宇宙**，这种宇宙会持续不断膨胀下去。

　　实际上，暴胀现象解决了宇宙大爆炸理论中的各种问题，从而了解到宇宙是平坦的这一事实。曲率为零的宇宙是平坦宇宙，曲率为负的宇宙就是开放宇宙，这两种宇宙都会持续不断膨胀下去。但是，如果宇宙真是平坦的，那么宇宙的能量密度就必须达到某个临界值才可以。观测结果表明，即使常规物质与暗物质加在一起，也达不到临界值。所以宇宙中剩余的大部分（约 74%）可能都是暗能量。

　　在由暗能量支配的宇宙中，膨胀就会加速。实际上，在观测深空出现的超新星爆炸的红移后，就可以了解到，宇宙过去的膨胀速度比现在要慢。所以宇宙可能从大约 50 亿年前开始了加速膨胀。

 宇宙的加速膨胀现象，被认为有打破宇宙原理（宇宙是同样的、各向同性的）的可能性。

宇宙的临界密度

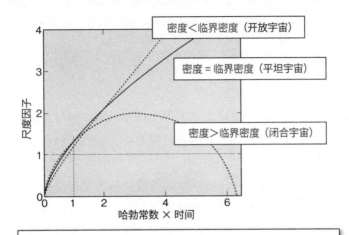

现在的宇宙是转为收缩还是继续膨胀，是由宇宙的能量密度比"临界密度"大还是小来决定的。

上图是常规物质小于、等于、大于临界密度时，宇宙的膨胀状态

基于暗能量的加速膨胀

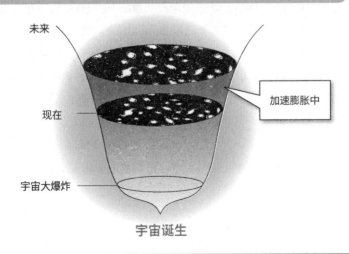

膨胀中的宇宙的未来

膨胀中的时空不存在终结，宇宙中的天体、物质随着时间的流逝，其状态也会改变，最后宇宙将迎来"死"的状态。

没有闪烁的繁星

转为收缩状态的宇宙最后会出现大挤压现象，而持续膨胀的宇宙则不会迎来终结。不过即便时空持续存在，天体、物质也不是永不磨灭的。

恒星的诞生和死亡在宇宙中不断出现。这个过程会让中子星或黑洞等天体积蓄构成恒星的一部分重子，这减少了可以再生循环的重子的量。最终在 10^{14} 年（100 兆年）后就不会再出现新的恒星，宇宙中也就不会再有闪烁的繁星了。

黑洞的增大

银河系的中心被认为存在有一个质量达到太阳 10^6 倍以上的巨大黑洞。经过 10^{30} 年以后，这个黑洞就可能把整个银河系都吞噬进去。增大以后达到星系界别的黑洞之间会相互碰撞，形成更为巨大的黑洞。不过在加速膨胀的宇宙中，当两个星系不受引力的影响，相互距离到 5 兆光年的程度时就无法观测到了，也就是进入了宇宙的空洞期。

加速膨胀还会让宇宙的温度急速下降，当宇宙的温度下降到黑洞温度以下后，黑洞就会一边吸入物质，一边开始蒸发。在经过 10^{100} 年以后，所有的黑洞就会蒸发殆尽，这时的宇宙变成了一种只存在有低能量电磁波、粒子，并继续膨胀的"已死亡的宇宙"状态。

 通过计算，太阳可能会在今后的数十亿年里不断增大，最终将地球吞噬掉，或者高温熔化掉地球。

加速膨胀至宇宙的死亡

1000 亿年以后

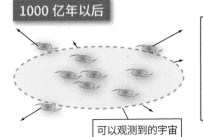

可以观测到的宇宙

以指数函数方式加速膨胀的宇宙，让人类只能观测到银河系周围的星系，1000 亿年以后更远的星系由于进入了不可观测区域而消失

10^{15} 年以后

超大星系

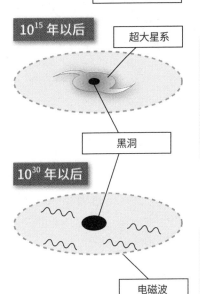

黑洞

剩下的星系会相互碰撞、融合，形成一个超大的星系。形成恒星的重子逐渐减少，10^{15} 年以后已经无法再形成新的恒星了

10^{30} 年以后

电磁波

10^{100} 年以后

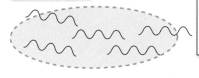

10^{30} 年以后超大星系最终会被黑洞吞噬掉，而黑洞自身也会因为霍金辐射而逐渐蒸发，经过 10^{100} 年后消失殆尽。然后宇宙会向着绝对零度的状态继续膨胀，成为死亡的宇宙